Alte Einheit	(Faktoren gerundet)
$g\ cm^{-3}$	$1\ g\ cm^{-3} = 1\ kg\ dm^{-3}$
kp	$1\ kp = 9{,}81\ N$
Torr	$1\ Torr = 133{,}3\ Pa$
$kp\ cm^{-2} = at$ $kp\ mm^{-2}$	$1\ kp\ cm^{-2} = 0{,}0981\ MPa$ $1\ kp\ mm^{-2} = 9{,}81\ MPa$
$kp\ mm^{-2}$	$10^3\ kp\ mm^{-2} = 9{,}81\ GPa$
$kp\ cm\ cm^{-2}$	$1\ kp\ cm\ cm^{-2} = 0{,}981\ kJ\ m^{-2}$
P	$1\ P = 0{,}1\ Pa\ s$
St	$1\ St = 1 \cdot 10^{-4}\ m^2\ s^{-1}$
$\Omega\ mm^2\ m^{-1}$ $10^{-3}\ \Omega\ mm^2\ m^{-1}$	$1\ \Omega\ mm^2\ m^{-1} = 1\ \mu\Omega\ m$ $10^{-3}\ \Omega\ mm^2\ m^{-1} = 1\ n\Omega\ m$
$\Omega^{-1}\ m\ mm^{-2}$	$1\ \Omega^{-1}\ m\ mm^{-2} = 1\ MS\ m^{-1}$
$A\ cm^{-1}$	$1\ A\ cm^{-1} = 0{,}1\ kA\ m^{-1}$
$mW\ s\ cm^{-3}$	$1\ mW\ s\ cm^{-3} = 1\ kJ\ m^{-3}$
grd	$1\ grd = 1\ K$
grd^{-1}	$1\ grd^{-1} = 1\ K^{-1}$
$cal\ g^{-1}\ grd^{-1}$	$1\ cal\ g^{-1}\ grd^{-1} = 4187\ J\ kg^{-1}\ K^{-1}$
$cal\ cm^{-1}\ s^{-1}\ grd^{-1}$	$1\ cal\ mK^{-1}\ s^{-1}\ grd^{-1} = 418{,}7\ W\ m^{-1}\ K^{-1}$
$kcal\ kg^{-1}$	$1\ kcal\ kg^{-1} = 4{,}187 \cdot 10^{-3}\ MJ\ kg^{-1}$
R	$1\ R = 2{,}58 \cdot 10^{-4}\ C\ kg^{-1}$
Ci	$1\ Ci = 3{,}7 \cdot 10\ s^{-1} = 3{,}7 \cdot 10^{10}\ Bq$

Grundlagen metallischer Werkstoffe, Korrosion und Korrosionsschutz

Technische Stoffe

Lehrbuchreihe für die Ausbildung von Ingenieuren

Grundlagen metallischer Werkstoffe, Korrosion und Korrosionsschutz

•

Werkstoffe für die Elektrotechnik und Elektronik

•

Stähle und ihre Wärmebehandlung, Werkstoffprüfung

•

Gußwerkstoffe, Nichteisenmetalle, Sinterwerkstoffe, Plaste

Grundlagen metallischer Werkstoffe, Korrosion und Korrosionsschutz

Von einem Autorenkollektiv

7., überarbeitete Auflage

Mit 101 Bildern, 17 Tabellen und 20 Anlagen

(1 Beilage)

VEB Deutscher Verlag für Grundstoffindustrie · Leipzig

Als Lehrbuch für die Ausbildung an Ingenieur-
und Fachschulen der DDR anerkannt

Minister für Hoch- und Fachschulwesen
Berlin, April 1983

Herausgeber
Institut für Fachschulwesen der Deutschen Demokratischen
Republik, Karl-Marx-Stadt

Leitung des Autorenkollektivs
Dipl.-Ing. *Steffen Müller*, Karl-Marx-Stadt

Autoren
Dipl.-Ing. *Steffen Müller*
Ing. *Erich Scharf*
Obering. *Gerhard Umlauff*
Dipl.-Chem. *Werner Sutor*

ISBN 3-342-00274-3

7., überarbeitete Auflage
© VEB Deutscher Verlag für Grundstoffindustrie, Leipzig 1973
überarbeitete Auflage: © VEB Deutscher Verlag
für Grundstoffindustrie, Leipzig 1988
VLN 152-915/21/88
Printed in the German Democratic Republic
Satz und Druck: Gutenberg Buchdruckerei und
Verlagsanstalt Weimar, Betrieb der VOB Aufwärts
Bindearbeiten: Buchbinderei Südwest Leipzig
Lektor: Dipl.-Krist. Karin-Barbara Köhler
Gesamtgestaltung: Gottfried Leonhardt
Redaktionsschluß: 28. 2. 1987
LSV 3013
Bestell-Nr. 542 057 8
00900

Vorwort

Die vorliegenden Lehrbücher für das Lehrgebiet Werkstofftechnik wurden auf der Grundlage der Lehrprogramme für die werkstofftechnische Ausbildung insbesondere in den Grundstudienrichtungen Werkstoff-, Maschinen-, Elektro- und Bergbauingenieurwesen entwickelt.

Für die einzelnen Grundstudienrichtungen können mehrere Lehrbücher eingesetzt werden. Während in diesem Lehrbuch Stoffgebiete behandelt werden, die in allen Grundstudienrichtungen gelehrt werden, enthalten die weiteren Bücher speziellen Lehrstoff. Durch Kombination einzelner Bücher kann das notwendige Lehrwerk für die jeweiligen Grundstudienrichtungen bzw. Fachrichtungen entsprechend den Lehrprogrammen zusammengestellt werden.

Die methodische Gestaltung wurde so vorgenommen, daß dem Studierenden Gelegenheit gegeben ist, sich mit dem zu vermittelnden Wissensstoff selbst auseinanderzusetzen. Die jedem größeren Abschnitt vorangestellte Zielstellung, die im Text enthaltenen Lehrbeispiele und Merksätze sowie die am Ende der Bücher befindlichen Aufgaben und Übungen, auf die im Text hingewiesen wird, motivieren und steuern den Aneignungsprozeß. Die Übungen verlangen oftmals das Ausfüllen der ebenfalls am Ende der Lehrbücher befindlichen Anlagen. Diese bestehen aus unvollständig vorgegebenen Tabellen, Diagrammen oder Übersichten, beziehen sich auf Schwerpunkte des Lehrstoffes und haben die Funktion eines selbst zu erarbeitenden Wissensspeichers.

Obwohl die Lehrbücher in erster Linie für die Ingenieurausbildung entwickelt wurden, können sie sowohl dem in der Praxis tätigen Ingenieur als auch allen anderen Interessenten, die sich mit der Werkstofftechnik vertraut machen wollen, eine wertvolle Hilfe sein.

Anregungen und Vorschläge, die der Verbesserung des Lehrwerkes dienen, bitten wir dem Institut für Fachschulwesen der Deutschen Demokratischen Republik, Karl-Marx-Stadt, Annaberger Straße 119, zuzuleiten.

Für die geleistete Unterstützung bei der Entwicklung der Lehrbuchreihe unseren besonderen Dank dem Institut für Fachschulwesen der Deutschen Demokratischen Republik, dem VEB Deutscher Verlag für Grundstoffindustrie und dem Wissenschaftsbereich Werkstofftechnik der Technischen Universität Otto von Guericke Magdeburg.

Autorenkollektiv

Inhaltsverzeichnis

1.	**Technische Stoffe und ihre Bedeutung für die sozialistische Produktion**	9
1.1.	Zum Gegenstand des Lehrgebietes Werkstofftechnik	9
1.2.	Systematisierungsmöglichkeiten der Werkstoffe	10
1.3.	Zur Rohstoffsituation	12
1.4.	Materialökonomie	13
1.5.	Informationssystem für Werkstoffe und ökonomischen Materialeinsatz (ISW)	16
2.	**Grundlagen der Metalle und Legierungen**	18
2.1.	Allgemeine Eigenschaften und Einteilung der Metalle	18
2.2.	Kristalliner Aufbau der reinen Metalle	19
2.2.1.	Raumgitter	19
2.2.2.	Isotropie und Anisotropie	23
2.2.3.	*Miller*sche Indizes	23
2.3.	Realgitter und Realkristall	25
2.4.	Schmelzen und Erstarren reiner Metalle	28
2.4.1.	Bildung und Wachstum von Kristallen	28
2.4.2.	Gußgefüge	31
2.4.3.	Einkristalle	33
2.4.4.	Umwandlungen im kristallinen Zustand	33
2.5.	Elastische und plastische Formänderung	34
2.5.1.	Elastische Formänderung	34
2.5.2.	Plastische Formänderung	35
2.5.3.	Kristallerholung und Rekristallisation	39
2.6.	Einführung in die Legierungslehre	41
2.6.1.	Begriffe	42
2.6.2.	Gefügebestandteile	42
2.6.3.	Diffusionsvorgänge	46

2.7.	Grundtypen der Zustandsdiagramme von Zweistoffsystemen	47
2.7.1.	Zustandsdiagramm von Legierungssystemen mit vollständiger Löslichkeit der Komponenten im kristallinen Zustand	47
2.7.2.	Zustandsdiagramm von Legierungssystemen mit vollständiger Unlöslichkeit der Komponenten im kristallinen Zustand	51
2.7.3.	Zustandsdiagramme von Legierungssystemen mit teilweiser Löslichkeit der Komponenten im kristallinen Zustand	52
2.7.4.	Zustandsdiagramme von Legierungssystemen mit intermetallischen Phasen	56
3.	**Eisen-Kohlenstoff-Diagramm**	**58**
3.1.	Komponenten Eisen, Kohlenstoff und Eisencarbid	58
3.2.	Metastabiles System Fe-Fe$_3$C	62
3.2.1.	Grundgefüge des Eisen-Kohlenstoff-Diagramms	65
3.2.2.	Gefügerechteck (Gefügediagramm)	69
3.2.3.	Gefüge unlegierter Stähle	70
3.2.4.	Abkühlungsverlauf und eutektoider Zerfall	72
3.2.5.	Gefüge des weißen Gußeisens	74
3.3.	Stabiles System Eisen—Graphit	75
3.3.1.	Zustandsdiagramm Fe-C	75
3.3.2.	Gefüge des grauen Gußeisens	76
4.	**Kurzbezeichnung der Eisen- und Nichteisenmetalle**	**77**
4.1.	Kurzbezeichnung der Stähle	77
4.1.1.	Kurzbezeichnung der Stähle durch die Markenbezeichnung mit Kennbuchstaben und zugehörigen Kennzahlen	78
4.1.1.1.	Kurzzeichen für unlegierte und niedriglegierte Stähle auf der Basis der Festigkeit und Umformbarkeit	78
4.1.1.2.	Kurzzeichen für unlegierte Stähle, die einer Wärmebehandlung unterzogen werden	80
4.1.1.3.	Kurzzeichen für niedrig- und hochlegierte Stähle	81
4.1.2.	Kurzbezeichnung der Stähle durch Kennzahlen und Kennfarben	82
4.1.3.	Sowjetische Kurzbezeichnung der Stähle	83
4.2.	Kurzbezeichnung der Eisengußwerkstoffe	85
4.3.	Kurzbezeichnung der Nichteisenmetalle und Nichteisenmetall-legierungen	87
4.3.1.	Aufbau der Kurzzeichen	87
4.3.2.	Kurzzeichen für Lieferform und Abmessung	87
4.3.3.	Kennbuchstaben für die Verwendung	88
4.3.4.	Kurzzeichen für die chemische Zusammensetzung	89
4.3.4.1.	Kurzzeichen für unlegierte Nichteisenmetalle	89
4.3.4.2.	Kurzzeichen für Nichteisenmetallegierungen	89
4.3.5.	Kurzzeichen für besondere physikalische und chemische Eigenschaften	89

5.	Korrosion und Korrosionsschutz	91
5.1.	Deutung wichtiger Begriffe und volkswirtschaftliche Bedeutung der Korrosionsschäden und des Korrosionsschutzes	91
5.1.1.	Definition und Erläuterung wichtiger Begriffe	91
5.1.2.	Volkswirtschaftliche Bedeutung der Korrosionsschäden und ihre Verhinderung	92
5.2.	Ursachen und Erscheinungsformen der Korrosion	93
5.2.1.	Ursachen der Korrosion	93
5.2.1.1.	Chemische Korrosion	94
5.2.1.2.	Elektrochemische Korrosion	95
5.2.1.3.	Biokorrosion	98
5.2.1.4.	Korrosion durch Zusammenwirkung chemisch-elektrochemischer und mechanischer Einflüsse	98
5.2.2.	Erscheinungsformen der Korrosion	99
5.3.	Methoden des Korrosionsschutzes	104
5.3.1.	Bedeutung und Übersicht	104
5.3.2.	Korrosionsschutz durch zweckentsprechende Werkstoffauswahl, Konstruktion und Verpackung	104
5.3.3.	Korrosionsschutz durch nichtmetallische Überzüge	106
5.3.3.1.	Passivierung der Metalle	106
5.3.3.2.	Bildung von Oxidschichten	107
5.3.3.3.	Phosphatieren	108
5.3.3.4.	Anstriche	109
5.3.3.5.	Plast- und Elastüberzüge	111
5.3.4.	Korrosionsschutz durch metallische Überzüge	112
5.3.4.1.	Elektroplattieren	113
5.3.4.2.	Stromloses Metallisieren	113
5.3.4.3.	Schmelzflüssiges Metallisieren	114
5.3.4.4.	Metallspritzen	114
5.3.4.5.	Diffusionsverfahren	115
5.3.4.6.	Plattieren	116
5.3.5.	Korrosionsschutz durch Beeinflussung des korrodierenden Mediums	117
5.3.6.	Katodischer Korrosionsschutz	118
	Übungen	121
	Quellenverzeichnis und Literaturhinweise	125
	Anlagen	127
	Sachwörterverzeichnis	151

1
Technische Stoffe und ihre Bedeutung für die sozialistische Produktion

Zielstellung

In diesem Abschnitt sollen Sie sich mit dem Gegenstand des Lehrgebietes Werkstofftechnik, mit der Einteilung der Stoffe, mit der Rohstoffsituation sowie mit den Fragen zur Materialökonomie beschäftigen. Der Schwerpunkt ist dabei auf den ökonomischen Teil der Aufgaben gelegt, weil Kenntnisse dieser Art den Ingenieur in die Lage versetzen, seine Verantwortung für einen richtigen Einsatz der Stoffe klar erkennen zu lassen.

1.1. Zum Gegenstand des Lehrgebietes Werkstofftechnik

Im Produktionsprozeß bearbeitet der Mensch mit den Arbeitsinstrumenten (Arbeitsmitteln) in der Natur vorhandene Stoffe (Arbeitsgegenstände), um sie in einen gewünschten Endzustand zu bringen. Alle gegenständlichen Produkte bestehen also aus einem Stoff. Durch die menschliche Arbeit wird der Arbeitsgegenstand bearbeitet und die Arbeit im Stoff vergegenständlicht. Je nach dem Anteil an Arbeit, der mit dem Stoff verbunden ist, ist eine Zuordnung zu verschiedenen Stoffgruppen möglich. Diese sind: Naturstoffe, Rohstoffe, Werkstoffe, Hilfsstoffe, Betriebsstoffe. Die Kohle oder das Erz in ihren Lagerstätten sind *Naturstoffe*. Außer zu ihrer Erkundung wurde keine weitere Arbeit aufgewendet. Ein *Rohstoff* hingegen ist ein Arbeitsgegenstand, in dem ein wesentlich größerer Anteil menschlicher Arbeit enthalten ist. Rohstoffe werden weiter zu Werk-, Hilfs- und Betriebsstoffen verarbeitet. Für den Gegenstand des Lehrgebietes Werkstofftechnik sind die *Werkstoffe* von ausschlaggebender Bedeutung. Sie dienen zur Herstellung eines Produkts und sind in diesem auch noch erkennbar (z. B. Stein — Steinbeil; Bronze — Pfeilspitze; Eisen — Messer; Kupferlegierung — Leiterwerkstoff; Aluminiumlegierung — Getriebegehäuse; Porzellan — Isolator; Polyethylen — Kabelisolation). Die Bedeutung bestimmter Werkstoffe für das erreichte Produktionsniveau geht u. a. auch aus der Tatsache hervor, bestimmte Abschnitte in der Geschichte der menschlichen Gesellschaft nach typischen Werkstoffen zu benennen (z. B. Steinzeit, Bronzezeit, Eisenzeit).
Als *Hilfsstoffe* sieht man solche Stoffe an, die im Produktionsprozeß verbraucht werden und in der Regel nicht mehr gegenständlich im Endprodukt enthalten sind (z. B. Schmiermittel, Härtemittel, Kühlmittel, Schleif- und Poliermittel). Zu den Hilfsstoffen zählen aber auch solche Stoffe, die z. B. bei der Verhüttung der Erze als Zuschlagstoffe Anwendung finden.
Neben den Werk- und Hilfsstoffen spielen in der Produktion die menschliche Arbeit

und die Energieversorgung (z. B. Elektroenergie, Wärmeenergie, mechanische Energie, Kernenergie) die entscheidende Rolle. Innerhalb der Hilfsstoffe faßt man daher die »Energieträger« häufig zur Gruppe der *Betriebsstoffe* (z. B. Erdöl, Erdgas, Kohle, Benzin, Dieselöl) zusammen.

Eine scharfe Abgrenzung des Lehrgegenstandes (Inhaltes) Werkstofftechnik gegenüber dem Gegenstand anderer Wissenschaften ist nur schwer möglich. Es gibt z. B. Beziehungen zur Festkörperphysik, Chemie, Metallurgie, Technologie oder zur Verfahrenstechnik.

Dennoch wird es innerhalb eines Ausbildungssystems solche Kenntnisse geben, die man aus zweckmäßigen Gründen mehr dem einen als dem anderen Lehrgebiet zuordnet. Aus dieser Sicht heraus ist der folgende Versuch einer Gegenstandsbestimmung des Lehrgebietes Werkstofftechnik für die Erziehung und Ausbildung von Ingenieuren möglich.

Im Lehrgebiet Werkstofftechnik werden behandelt:
— der innere Aufbau,
— die Beziehungen zwischen innerem Aufbau, Eigenschaften und Anwendung,
— die Faktoren, die erwünschte und unerwünschte Eigenschaftsänderungen verursachen,
— die Schutzmaßnahmen gegenüber unerwünschten Stoffänderungen,
— die Verfahren der Werkstoffprüfung solcher Stoffe, die in unserer Volkswirtschaft vorwiegend als Werk- und Hilfsstoffe zum Einsatz kommen.

Der Lehrstoff ist nicht einseitig auf die Technik orientiert, sondern er schließt natur- und gesellschaftswissenschaftliche Elemente ein, die zu einer Wahrung der Einheit zwischen Technik, Ökonomie und Politik führen.

Gegenüber der älteren Bezeichnung »Werkstoffkunde« bringt der Name Werkstofftechnik weiterhin zum Ausdruck, daß es sich in diesem Lehrgebiet nicht nur um eine Kunde handelt, sondern daß neben der Vermittlung von notwendigen Einzelerkenntnissen die dialektischen Zusammenhänge zwischen den verschiedensten Erscheinungen im Vordergrund stehen.

1.2. Systematisierungsmöglichkeiten der Werkstoffe

Die Systematisierung der Werkstoffe läßt sich nach verschiedenen Gesichtspunkten vornehmen. Wir wollen uns in der Lehrbuchreihe an *chemische Begriffe* anlehnen, zugleich aber auch den auf den *Anwendungsfall* bezogenen Gruppierungsmöglichkeiten Rechnung tragen. Dieses Vorgehen ist schon deswegen gerechtfertigt, weil bei der Auswahl eines Werkstoffs seine Eigenschaften und nicht die chemische Zusammensetzung im Vordergrund stehen. Natürlich hat die chemische Zusammensetzung, verbunden mit den verschiedenen Fertigungsverfahren, einen nachhaltigen Einfluß auf die Eigenschaften.

Beim praktischen Einsatz der Werkstoffe stehen die spezifischen Eigenschaften im Vordergrund.

Zur Gruppe der Dauermagnetwerkstoffe gehören z. B. Stoffe auf der Basis des Eisens (Stähle), des Aluminiums sowie keramische Systeme. Trotz der verschiedenen chemischen Zusammensetzung gibt es bei diesen Stoffen spezifische Eigenschaften, die für die Beurteilung ihres Verhaltens wesentlich sind und die es rechtfertigen, diese Stoffe als Gruppe der Dauermagnetwerkstoffe geschlossen zu behandeln, obwohl sie stofflich sehr unterschiedlich sind.

Sie erkennen an diesem Beispiel, daß man bei der Systematisierung der Werkstoffe nicht allein von chemischen Gesichtspunkten ausgehen kann.

Systematisierungsmöglichkeiten **1.2.**

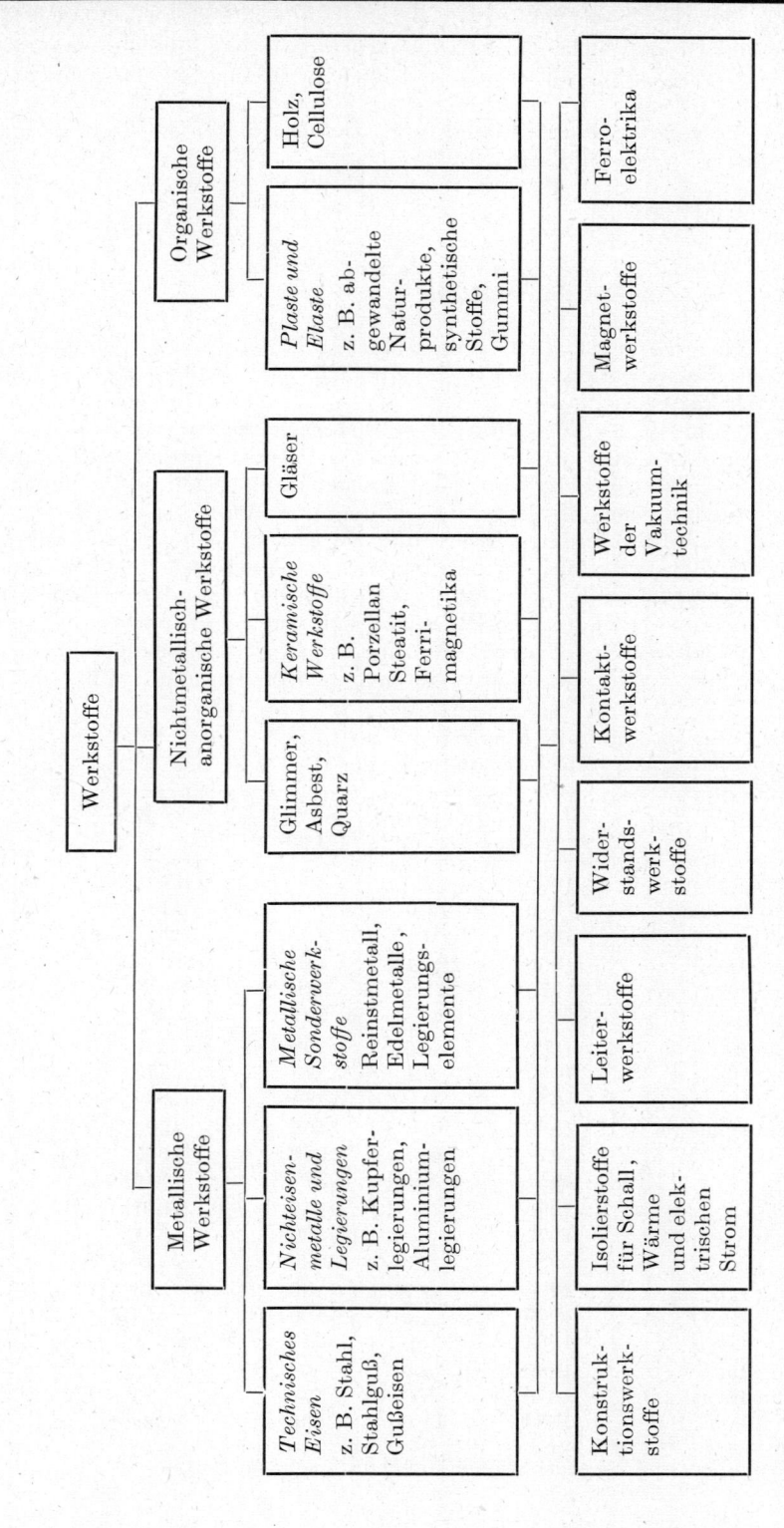

Bild 1.1. Stoff- und funktionsorientierte Einteilung der Werkstoffe

Aus Bild 1.1 ist ersichtlich, daß die nach Funktionen bezeichneten Werkstoffgruppen aus verschiedenen Werkstoffen bestehen, die für gleichartigen Einsatz geeignet sind.
Konstruktionswerkstoffe können z. B. Metalle, nichtmetallisch-anorganische oder organische Werkstoffe sein.

■ Ü. 1.1

1.3. Zur Rohstoffsituation

Nur wenige Länder können ihren Bedarf an Mineralrohstoffen aus eigenen Quellen decken. Rohstoffquellen liegen vor allem in den Ländern Asiens, Lateinamerikas und Afrikas.
Der Kampf um eine Nutzung dieser Bodenschätze zum Wohl der eigenen Völker ist kennzeichnend für viele Staaten dieser Kontinente. Die Mitgliedsländer des RGW verfügen, bedingt durch die reichen Bodenschätze der Sowjetunion, über ausreichende Rohstoffreserven. Besonders umfangreich sind z. B. die Vorkommen an Kohle, Erdöl, Erdgas, Eisen- und Manganerz. Allerdings verursacht die ungleichmäßige Verteilung der Lagerstätten Erschwernisse, die nicht von einem Land allein getragen werden können. Außerdem liegen besonders ergiebige Lagerstätten vor allem im Osten der UdSSR, so daß sich lange Transportwege ergeben. Um den zunehmenden Rohstoffbedarf der Länder zu decken, sind weiterhin neue Aufschlüsse notwendig, die hohe Investitionen erfordern und erst in der Zukunft wirk-

Tabelle 1.1. Ausgewählte Kennziffern über die Erzeugung von Rohstoffen und Energie [3]

Erzeugnis	Jahr	DDR	RGW (gesamt)	Welt
Steinkohle	1960	2,7	496	1 942
(in 10^6 t)	1970	1,0	613	2 134
	1984	0	717	2 997
Braunkohle	1960	225,4	480	646
(in 10^6 t)	1970	261,5	589	818
	1984	296	697	1 126
Eisenerz	1960	1,6	150	499
(in 10^6 t)	1970	0,4	366	773
	1984	0	535	824
Elektroenergie	1960	40,3	406	2 300
(in 10^6 kWh)	1970	67,7	988	4 962
	1984	110,1	1 977	8 976
Erdöl	1960	—[1]	161	1 051
(in 10^6 t)	1970	—[1]	369	2 281
	1984	—[1]	626	2 716
Rohstahl	1960	3,7	86	346
(in 10^6 t)	1970	5,1	156	594
	1984	7,6	216	678
Zement	1960	5,0	68	317
(in 10^6 t)	1970	8,0	138	583
	1984	11,6	196	889

[1]) Angaben sind im statistischen Jahrbuch nicht enthalten.

sam werden. Diese Aufgaben lassen sich nur durch internationale Arbeitsteilung lösen und sind eine der Ursachen für die Notwendigkeit der sozialistischen Integration. Eine der Aufgaben der 1970 gegründeten Internationalen Investitionsbank ist u. a. die Finanzierung gemeinsam interessierender Objekte zur Rohstoffversorgung. In Tabelle 1.1 sind wichtige Kennziffern über die Erzeugung von Rohstoffen und Energie enthalten.

Die DDR ist, wenn man von der Braunkohle und den Kalisalzen absieht, ein rohstoffarmes Land. Wertmäßig mehr als 60% unserer Rohstoffe für die Industrie und das Bauwesen werden daher durch Importe, besonders aus der Sowjetunion, gedeckt.

Die stabile Versorgung der Volkswirtschaft mit Rohstoffen setzt besonders drei untereinander verbundene Maßnahmen voraus:

— Senkung des Materialaufwandes von der Konstruktion über die Produktion bis zum unmittelbaren Verbrauch,
— bessere Nutzung von einheimischen Rohstoffen (z. B. Braunkohle, Sande für Glas, Tone, Kalisalze) und von Sekundärrohstoffen,
— Teilnahme an gemeinsamen Maßnahmen der RGW-Staaten zur Sicherung einer langfristigen Versorgung mit Rohstoffen.

1.4. Materialökonomie

Das Anliegen dieses Abschnittes ist es, Sie von der Notwendigkeit und Echtheit des Problems Materialökonomie zu überzeugen, damit Sie die Motivation für eine ökonomische Entwicklung, Herstellung, Verarbeitung, Auswahl und Anwendung von Material bekommen. Das Kostenbild der Erzeugnisse verändert sich ständig so, daß der Anteil der Materialkosten einen zunehmend hohen Prozentsatz am gesellschaftlichen Gesamtprodukt ausmacht. Für die DDR gelten die folgenden Angaben:

— 1960 etwa 36%,
— 1970 etwa 54%,
— 1985 etwa 58%.

Im Zeitraum von 1950 bis 1985 erhöhte sich in der DDR das gesellschaftliche Gesamtprodukt auf 988% und der Materialverbrauch auf 1874%. Die Ursache für diese Entwicklung liegt u. a. in den höheren Materialpreisen, die wiederum mit den höheren Erschließungs- und Aufbereitungskosten zu begründen sind, und in der Tatsache, daß der Anteil der lebendigen Arbeit durch die Mechanisierung und Automatisierung relativ zurückgeht. Diese Entwicklung wird sich auf ein Optimum einstellen und läßt erkennen, daß der *sparsame Umgang mit Material* volkswirtschaftlich notwendig ist. Für die DDR trifft dies besonders zu, weil der Materialverbrauch mit 361 Milliarden Mark im Jahr 1985 im Vergleich zum Nationaleinkommen mit 233 Milliarden Mark höher liegt als bei einer Vielzahl anderer Länder.

Wie im vorigen Abschnitt dargelegt, ist der zur Verfügung stehende Materialfonds nicht unerschöpflich. Die Mitgliedsländer des RGW beschlossen deshalb die Gründung eines Komitees für Zusammenarbeit auf dem Gebiet der materiell-technischen Versorgung. Die Bedeutung der Materialökonomie wird weiterhin dadurch unterstrichen, daß sie als entscheidender Intensivierungsfaktor der Produktion erkannt und genutzt wird.

■ Ü. 1.2

Mehrjährige Erfahrungen zeigen, daß die produktionsvorbereitenden Abteilungen, d. h. Forschung, Projektierung, Konstruktion und Technologie, mindestens 80% des Materialverbrauchs beeinflussen, z. B. entscheidet jeder Konstrukteur täglich über Materialkosten bis zu 5000,— M. Damit wird deutlich, welche Verantwortung diejenigen von Ihnen zu tragen haben, die in solchen Abteilungen künftig arbeiten werden. Die Praxis hat aber auch bewiesen, daß die Kenntnisse und Erfahrungen derjenigen Ingenieure und Arbeiter, die unmittelbar in der Produktion tätig sind, unentbehrlich für die Lösung der anstehenden Aufgaben sind.
Hinter der Verbesserung des Leistungs-Masse-Verhältnisses verbirgt sich sowohl die indirekte als auch die direkte Materialeinsparung, ohne daß sich dabei klare Trennlinien ziehen lassen. Qualitätserhöhung und Materialeinsparung ist kein Widerspruch, denn höhere Qualität bedeutet u. a. auch Verlängerung der Nutzungsdauer und damit indirekte Materialeinsparung.
Hauptwege zur Durchsetzung der Materialökonomie sind:

— Schaffung einer effektiven Rohstoff- und Materialstruktur,
— ökonomische Verwendung von Material,
— ökonomische Bestandhaltung,
— rationelle Produktionsmittelzirkulation.

Von besonderem Interesse ist die ökonomische Verwendung von Material, die im wesentlichen durch Werkstoffsubstitution, Leichtbau und Senkung von Verlusten gekennzeichnet wird. Die Möglichkeit der Werkstoffsubstitution ist Voraussetzung für eine gezielte Werkstoffauswahl. Es ist darunter der Austausch von Werkstoffen, meist herkömmlicher durch moderne, zu verstehen. Die Aufgabe dabei ist die Schaffung einer breiteren, kostengünstigeren Werkstoffbasis, die Erhöhung des Gebrauchswertes der Erzeugnisse und die Anwendung kostensenkender Technologien.
Neben dem Einsatz von Plasten anstelle von Metallen ist auch die Verbesserung der Eigenschaften der Metalle durch Veränderung der Legierungsbestandteile zu sehen.
1970 besagten mehrfache Einschätzungen, daß die Plastwerkstoffe bis 1985 volumenmäßig den Werkstoff Stahl überholt haben werden. Wie aus Tabelle 1.2 hervorgeht, trat dies nicht ein, obwohl auch die Stahlproduktion nicht der Voraussage entsprach.
Um den Einsatz von Plastwerkstoffen erweitern zu können, ist es notwendig, organische Hochpolymere zu entwickeln, die ähnliche Eigenschaften wie metallische Werkstoffe haben. Derartige organische Werkstoffe sind zwei- und dreidimensional vernetzt und weisen auf Grund starker Neben- bzw. Hauptvalenzkräfte verbesserte mechanische und thermische Kennwerte auf (s. Abschnitt »Plaste« im Lehrbuch »Gußwerkstoffe ...«). Beispiele für solche Werkstoffe, aus denen Teile zur Kraft-

Tabelle 1.2. Entwicklung der Stahl- und Plastproduktion [3, 6]

Jahr	Stahl		Plaste	
	in 10^6 t	in 10^6 m^3	in 10^6 t	in 10^6 m^3
1970	594	76	28	22
1984	678	86	45	36
1985[1])	1200	153	200	160
2000[1])	2400	305	1440	1150

[1]) Prognose

übertragung hergestellt werden, sind: Epoxidharze, Polyurethane und Polycarbonate.
Werkstoffe, die nur raumfüllende Funktionen erfüllen, sind z. B. Polyvinylchlorid, Polysterole, Polyolefine und Polyacrylate.
Verbundwerkstoffe gewinnen ebenfalls für Substitutionszwecke zunehmend an Bedeutung. Beispiele dafür sind plastbeschichtete Metalle, plastbeschichtete Gläser, glas-, metall- und kohlenstoffaserverstärkte Plaste.
Leichtbau bedeutet leichtere Gestaltung der Erzeugnisse bei vollständiger Ausnutzung der Werkstoffeigenschaften. Er zielt darauf ab, den Aufwand an vergegenständlichter Arbeit zu verringern. Als Gegenüberstellung ist z. B. die Automatisierungstechnik zu werten, deren Hauptziel die Einsparung lebendiger Arbeit ist.
In Anlehnung an *Baade* [8] ist es zweckmäßig, den Leichtbau in drei Arten zu unterteilen.
Bei dem *Leichtbau 1. Grades* werden durch die Massesenkung die Werkstoffkosten und somit die Herstellungskosten verringert. Im Zusammenhang stehende niedrigere Transport- und Gebäudekosten sind von untergeordneter Bedeutung. Beispiele sind Hochstraßen, Lagerhallen, Drehmaschinen.
Die Massesenkung beim *Leichtbau 2. Grades* bedeutet Reduzierung der Herstellungskosten und der Kosten für Betrieb und Unterhaltung. Mit der Massesenkung muß z. B. eine Senkung der Kosten für Antriebsenergie, Verschleißteile, Heizung und Korrosionsschutz verbunden sein. Beispiele sind Fahrzeuge, Hebezeuge, beheizte Bauten.

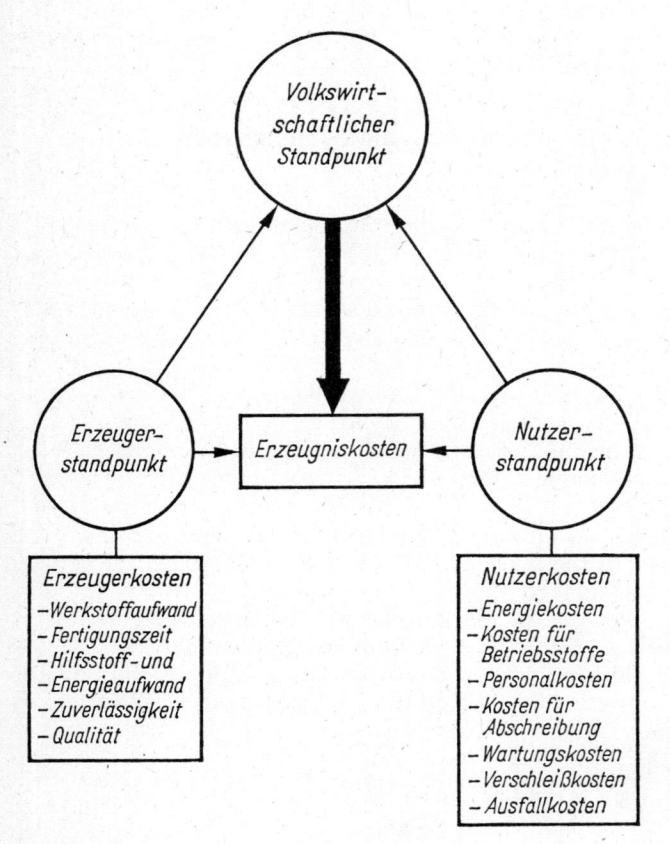

Bild 1.2. Faktoren und Einflußgrößen, die die Erzeugniskosten bestimmen

Massesenkung im Sinne des *Leichtbaus 3. Grades*, der auch extremer Leichtbau genannt wird, bedeutet Reduzierung der Herstellungskosten und der Kosten beim Nutzer sowie die Anwendung bestimmter physikalisch-technischer Arbeitsprinzipien. Der Leichtbau ist Voraussetzung, um diese Arbeitsprinzipien überhaupt erst zu ermöglichen. Beispiele dafür sind Flugzeuge, Raketen, Luftschiffe.
Die Zusammenhänge, wie sie bei dem Leichtbau 2. Grades bestehen, werden im Bild 1.2 in Anlehnung an eine Darstellung des Instituts für Leichtbau in Dresden gezeigt.
Das Kosten-Nutzen-Denken ist nicht nur vom Standpunkt des Erzeugers, sondern auch vom Standpunkt des Nutzers bzw. der Volkswirtschaft aus zu sehen. Dem volkswirtschaftlichen Standpunkt kommt dabei die dominierende Rolle zu.
Der Leichtbau bildet eine wesentliche Voraussetzung bei der Erfüllung der Zielstellung, den spezifischen Walzstahlverbrauch um etwa 30 bis 40% zu senken.

▶ *Überlegen Sie, weshalb dem Korrosionsschutz beim Stahlleichtbau besondere Aufmerksamkeit geschenkt werden muß!*

Die Senkung von Werkstoffverlusten ist z. B. durch die Einschränkung spanabhebender Bearbeitungsmethoden zugunsten spanloser Verfahren möglich. Dadurch lassen sich die Abfallanteile, die bei der Metallbearbeitung 30% betragen können, erheblich verringern. Auch die Sortimentsbegrenzung, die erhöhte Losgrößen und damit sinkende Herstellungskosten bedeutet, ist mit unter diese Methode zu rechnen.

■ Ü. 1.3

1.5. Informationssystem für Werkstoffe und ökonomischen Materialeinsatz (ISW)

Zum Zweck der Werkstoffeinsatzberatung wurde unter Leitung des Instituts für Leichtbau (IfL), Dresden, seit 1968 planmäßig das ISW mit einer Werkstoffdatenbank aufgebaut.
Der Leitgedanke des ISW besteht darin, den Materialeinsatz so günstig wie möglich zu gestalten. Diese Aufgabe kann nicht mehr vom einzelnen gelöst werden, sondern erfordert kollektives Wissen.
Es sind z. Z. etwa 5500 Werkstoffe mit 600 Kenngrößen und schätzungsweise 5 000 000 nutzbaren Kennwerten, aus denen objektiv ausgewählt werden muß.
Zur Verständigung wurden durch das Institut für Leichtbau und ökonomische Verwendung von Werkstoffen, Dresden, u. a. folgende Begriffsvereinbarungen getroffen [9]: »Die *Werkstoffkenngröße* ist eine meßbare und somit quantitativ darstellbare Werkstoffeigenschaft, die durch entsprechende Meßvorschriften definiert und festgelegt ist.« Sie wird verbal und durch Kurzzeichen mit Einheit angegeben. Beispiele sind Zugfestigkeit, Wärmeleitfähigkeit.
»Der *Werkstoffkennwert* ist eine Angabe, die die Kenngröße eines Werkstoffes in ihrer Abhängigkeit von Werkstoffzustand und Einflußfaktoren quantitativ darstellt. Er wird in der Regel als Produkt aus Zahlenwert und Einheit angegeben.« (Beispiel: 440 MPa als Kennwert für die Kenngröße Zugfestigkeit). Bestimmte Kennwerte werden angegeben durch:

»— Zeichen mit festgelegter Bedeutung (z. B. L 1 bis L 6 für die Lichtbogenfestigkeit),

— definierte Graduierungen (nicht brennbar, schwer brennbar, brennbar),
— Alternativaussagen (gut, schlecht)«.

»Der *Werkstoffzustand* wird durch Merkmale gekennzeichnet, die die innere und äußere Beschaffenheit des Werkstoffs bestimmen. Der Begriff umfaßt z. B. Angaben zu Mikro- und Makrostruktur, Gefüge, Formgebung, Verarbeitung, Wärmebehandlung, Oberflächenzustand, Form (Blech, Rohr, Granulat) und Abmessung.«
»*Einflußfaktoren* sind Größen, deren Einfluß der Werkstoff beim Einsatz unterliegt und die während der Prüfung als Modellierung der Einsatzbedingungen variiert werden, z. B. Temperatur, Beanspruchungsdauer, Schwingspielzahl.«

▶ *Erläutern Sie mit eigenen Worten den Unterschied zwischen Kenngröße und Kennwert!*

Das ISW besteht aus den Stützpunkten bei der werkstoffherstellenden Industrie und dem Informationszentrum für Werkstoffe (IZW) beim Institut für Leichtbau, Dresden. Die Aufgaben des ISW sind:

— Ermittlung der Werkstoffeigenschaften,
— Darstellen dieser Eigenschaften in Form von Kennwerten,
— Speichern der Kennwerte,
— Übermitteln der Kennwerte an den Nutzer.

Das IZW ist in der Lage, zu allen auftretenden Werkstoffproblemen einschließlich der Preise kurzfristig Auskünfte zu erteilen. Als Grundlage für die Zusammenarbeit zwischen dem Nutzer und dem IZW dient der Katalog für Werkstoffkenngrößen [10], in dem auf einzelnen Kenngrößenblättern, wie aus dem Beispiel in Anlage 1.2 hervorgeht, detaillierte Angaben zu den einzelnen Kenngrößen enthalten sind. Die Kenngrößenblätter haben alle die gleiche Gliederung.
Bei Anfragen an das IZW müssen vom Nutzer die in den Anlagen 1.3 und 1.4 enthaltenen Formblätter für die Werkstoffsuche und die Kennwertsuche verwendet werden. Je genauer und vollständiger die Formblätter ausgefüllt sind, desto präziser werden die Antworten sein. Beachten Sie deshalb:

— Bei der *Werkstoffsuche* sind an den Werkstoff gestellte Forderungen durch Kenngrößen und Kennwerte zu charakterisieren.
— Die »Angaben bei Substitution« sind nur auszufüllen, wenn ein Werkstoff substituiert werden soll. Geschieht dies unter der Bedingung, daß nur bestimmte Werkstoffe für die Substitution in Frage kommen, so ist dies unter »Angaben bei Vorauswahl« zu vermerken.
— Bei der *Kennwertsuche* ist der Werkstoff bekannt, dagegen fehlen Informationen über zum Werkstoff gehörende Kenngrößen und Kennwerte.
— Die Werkstoffsuche und die Kennwertsuche sind jeweils die Umkehr voneinander.

Die Inanspruchnahme des IZW kann nur über Betriebe oder gleichgestellte Institutionen erfolgen. Auskünfte an Privatpersonen werden nicht erteilt.

■ Ü. 1.4

2
Grundlagen der Metalle und Legierungen

2.1. Allgemeine Eigenschaften und Einteilung der Metalle

Zielstellung

Metalle zeichnen sich gegenüber den Nichtmetallen im allgemeinen durch ihren metallischen Glanz, ihr Formänderungsvermögen, ihre hohe elektrische und Wärmeleitfähigkeit und ihr hohes Reflexionsvermögen für Licht aus. Mit Ausnahme des Quecksilbers sind alle Metalle bei Raumtemperatur fest und haben kristallinen Charakter. Metalle sowie ihre Oxide und Hydroxide bilden mit Säuren Salze, wobei sie als Kationen vorliegen. Die Eigenschaften der Metalle werden durch die metallische Bindung und durch ihren kristallinen Aufbau bestimmt.

▶ *Wiederholen Sie aus dem Lehrgebiet Chemie die Bindungsarten, und erläutern Sie, weshalb sich die gute Leitfähigkeit für Wärme und den elektrischen Strom aus der metallischen Bindung ableiten läßt!*

Die Metalle lassen sich nach den unterschiedlichsten Gesichtspunkten einteilen. So unterscheidet man z. B.

— *nach der Dichte*

Leichtmetalle   ($\varrho < 5 \text{ g cm}^{-3}$), z. B. Al, Mg, Ti;
Schwermetalle ($\varrho > 5 \text{ g cm}^{-3}$), z. B. Fe, Cu, Ni, Pb;

— *nach dem Schmelzpunkt*

niedrigschmelzende Metalle ($\vartheta_S < 700 \text{ °C}$), z. B. Sn, Pb, Zn;
hochschmelzende Metalle   ($\vartheta_S\ 700 \text{ °C} \cdots 2000 \text{ °C}$), z. B. Fe, Cu, Ni;
höchstschmelzende Metalle ($\vartheta_S > 2000 \text{ °C}$), z. B. Mo, W, Ta;

— *nach der chemischen Beständigkeit*

Edelmetalle, z. B. Au, Ag, Pt;
unedle Metalle, z. B. Fe, Zn, Mg;

— *nach dem Aussehen*

Schwarzmetalle, z. B. Fe und seine Legierungen;
Weißmetalle, z. B. Sn, Pb und ihre Legierungen.

Die Herstellung metallischer Werkstoffe erfolgt durch Schmelzen, Schmelzflußelektrolyse oder Sintern.

2.2. Kristalliner Aufbau der reinen Metalle

Zielstellung

Die in kristallinen Stoffen vorhandene gesetzmäßige Anordnung der Atome wird durch Modelle veranschaulicht, die man Raumgitter nennt. Die folgenden Ausführungen befassen sich mit den bei Metallen am meisten auftretenden Raumgittern, ihren Eigenschaften und Besonderheiten. Ohne ihre Kenntnis ist der Zusammenhang zwischen der Struktur der Metalle und ihren Eigenschaften nicht zu verstehen.

2.2.1. Raumgitter

Ein *Kristall* ist äußerlich durch Ebenen begrenzt, die je nach der Art des Stoffes ganz bestimmte räumliche Lagen zueinander einnehmen. Dem äußeren regelmäßigen Aufbau eines Kristalls muß auch sein innerer entsprechen. Durch Röntgenuntersuchungen *(Laue, Friedrich, Knipping)* wurde festgestellt (1912):

In einem Kristall sind seine Bausteine – Atome, Ionen, Moleküle – nach bestimmten Gesetzmäßigkeiten angeordnet.

Amorphe Stoffe, wie Glas, Ton, Plaste, Elaste, amorphe Metalle, sind nichtkristallin aufgebaut.

■ Ü. 2.1

Zum Verständnis des kristallinen Aufbaus eines Stoffes kann man sich die Atome als Kugeln vorstellen. Liegen die Kugeln so in einer Ebene, wie in Bild 2.1 angegeben, dann sind sie in der Ebene einfach gepackt. Die Verbindungslinien der Mittelpunkte von vier sich berührenden Kugeln bilden ein Quadrat. In einer Ebene sind die Kugeln am dichtesten gepackt, wenn um eine Kugel noch 6 andere liegen, deren Verbindungslinien der Mittelpunkte ein regelmäßiges Sechseck bilden (Bild 2.2).

Werden nur die Kugelmittelpunkte, die den Schwerpunkten der Atome entsprechen, angegeben und durch Linien miteinander verbunden, wie in Bild 2.3 dargestellt, dann erhält man netzförmige Gebilde, *Gitter- oder Netzebenen*. Viele gleichartige Netzebenen parallel und in bestimmten Abständen zueinander angeordnet, wie z. B. in Bild 2.4 für einfach gepackte Gitterebenen gezeigt, ergeben ein räumliches Gebilde, das *Raumgitter*.

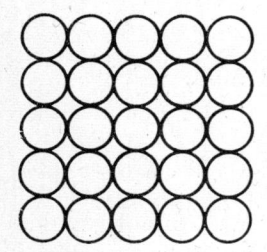

Bild 2.1. Einfache Packung von Kugeln in einer Ebene

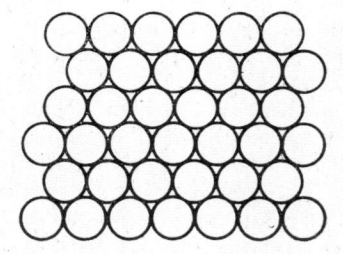

Bild 2.2. Dichteste Packung von Kugeln in einer Ebene

2. Grundlagen der Metalle und Legierungen

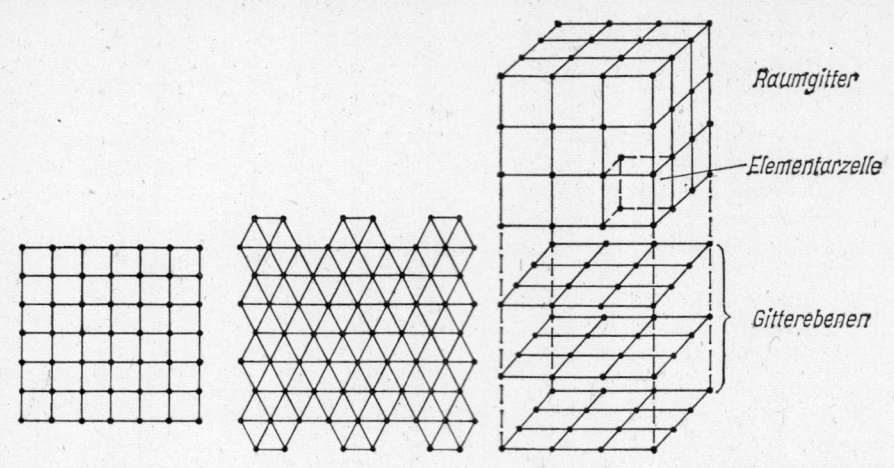

Bild 2.3. Gitter- oder Netzebenen

Bild 2.4. Entstehung eines einfachen Raumgitters aus Gitterebenen (wegen der besseren Übersicht sind nicht alle Atome angegeben).

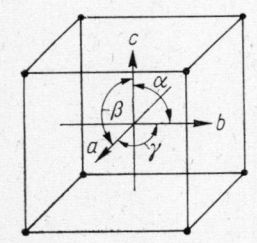

Bild 2.5. Elementarzelle des Raumgitters von Bild 2.4

Die Abstände der Atome im Raumgitter, in den Richtungen a, b und c (s. Bild 2.5), bedingt durch die Größe der Atomradien und der zwischen den Atomen wirkenden Kräfte, liegen in der Größenordnung von 10^{-8} cm. Sie haben für jeden Stoff charakteristische konstante Größen, die als *Gitterkonstanten* bezeichnet werden.

Die kleinste räumliche Einheit eines Raumgitters, die alle seine Gesetzmäßigkeiten erkennen läßt, ist die *Elementarzelle*. Ihre bestimmenden Größen sind die Gitterkonstanten a, b und c sowie die Winkel α, β und γ, unter denen sich ihre Achsen schneiden (Bild 2.5). Nach dem Verhältnis der Gitterkonstanten und der Winkel kann man diese Elementarzellen einem der 7 *Kristallsysteme* (Anlage 2.1) zuordnen.

■ Ü. 2.2

Die Raumgitter der Metalle gehören am häufigsten dem kubischen und dem hexagonalen Kristallsystem an, das tetragonale und das rhombische treten nur in einigen Fällen auf; die übrigen sind bei den Metallen nicht zu finden.

In den Elementarzellen der einfachen oder primitiven Gitter, die bei den Metallen nicht auftreten, sind nur die Eckpunkte mit Atomen besetzt (Bild 2.5). Wie Sie aus der Tabelle Anlage 2.2 erkennen, sind die Raumgitter der Metalle, die dem kubischen System angehören, entweder kubisch raumzentriert (krz) oder kubisch flächenzentriert (kfz). Bei der *krz Elementarzelle* (Bild 2.6) befindet sich außer in den Ecken noch ein Atom in der Mitte der Elementarzelle; bei der *kfz Elementarzelle* (Bild 2.7) ist außer in den Ecken noch in jeder Flächenmitte ein Atom vorhanden.

■ Ü. 2.3

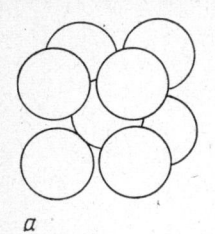

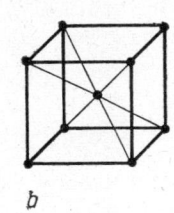

Bild 2.6. Kubisch raumzentrierte Elementarzelle
a) Kugelmodell b) einfache Darstellung

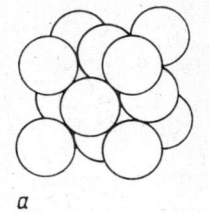

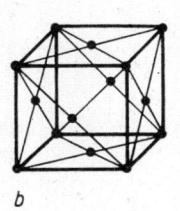

Bild 2.7. Kubisch flächenzentrierte Elementarzelle
a) Kugelmodell b) einfache Darstellung

Bei Metallen, deren Raumgitter dem hexagonalen System zuzuordnen sind, haben die Elementarzellen die Form eines sechseckigen Prismas, zwischen dessen Grund- und Deckfläche sich noch eine Atomlage befindet (Bild 2.8).

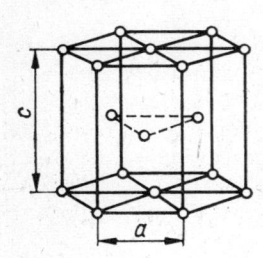

Bild 2.8. Hexagonale Elementarzelle dichtester Packung

Eine wichtige Eigenschaft der Elementarzelle ist die *Packungsdichte*. Sie gibt an, in welchem Maße der Raum einer Elementarzelle mit Atomen ausgefüllt ist, und wird berechnet aus

$$P = \frac{n\,V_a}{V_z}$$

n Anzahl der zur Elementarzelle gehörigen Atome
V_a Volumen eines Atoms
V_z Volumen der Elementarzelle.

Um festzustellen, wieviel Atome zu einer Elementarzelle gehören, muß man berücksichtigen, daß im Gitter neben einer Elementarzelle noch weitere liegen und somit ein Eckatom oder ein Atom in einer Fläche noch weiteren Elementarzellen angehört.

Lehrbeispiel

Unter der Voraussetzung, daß sich die Atome mit dem Radius r an den Kanten der Elementarzelle des kubisch primitiven (kp) Gitters berühren, ist die Packungsdichte dieser Elementarzelle zu berechnen.

Lösung

$$P = \frac{n\,V_a}{V_z}$$

Ein Eckatom der Elementarzelle gehört 8 benachbarten Elementarzellen an. Der zu jedem Eckpunkt gehörige Atomteil ist 1/8. Zur Elementarzelle des kp Gitters gehören daher $n = 8 \cdot 1/8 = 1$ Atom.

$V_z = a^3 = (2\,r)^3$, da $a = 2\,r$

$$P = \frac{1\,(4/3)\,\pi\,r^3}{(2\,r)^3} = \frac{\pi}{6} = 0{,}523\,,$$

d. h., die Elementarzelle des kp Gitters ist zu 52,3% mit Atomen ausgefüllt.

▸ *Berechnen Sie die Packungsdichte der kfz Elementarzelle!*

Die Packungsdichte der Elementarzelle des bei den Metallen auftretenden hexagonalen Raumgitters beträgt ebenfalls 0,74. Sie ist die im hexagonalen System auftretende dichteste Packung (hexdP). In der idealen *Elementarzelle hexdP* ist das Verhältnis $c:a = 1{,}63$. Von diesem Wert weichen aber die realen Werte etwas ab.

■ Ü. 2.4 und 2.5

Der direkte Nachweis, daß die Atome in den Kristallen regelmäßig angeordnet sind, wurde erst nach Entdeckung der Röntgenstrahlen (1895/1912) möglich.
Beim Durchgang von Röntgenstrahlen durch einen Kristall kommt es zu Beugungserscheinungen, deren Auswertung Gegenstand der Röntgenfeinstrukturanalyse ist. Nach den Modellvorstellungen von *Bragg* kann die Beugung als eine Reflexion der Röntgenstrahlen an den Netzebenen des Kristallgitters angesehen werden. Bild 2.9 stellt eine Netzebenenschar dar, deren Abstand voneinander bestimmt werden soll.

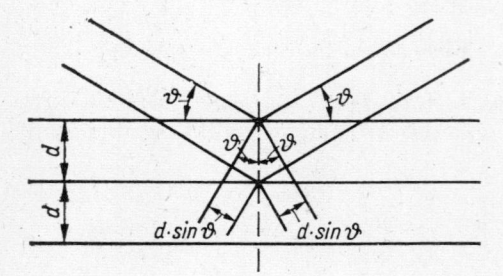

Bild 2.9. Reflexion der Röntgenstrahlen an Netzebenen

Wenn Röntgenstrahlen der Wellenlänge λ unter einem bestimmten Winkel auf die Netzebenen treffen, werden sie unter dem gleichen Winkel reflektiert. Dabei haben die Strahlen, die die tieferliegende Netzebene reflektiert, einen längeren Weg zurückzulegen als die der oberen Netzebene. Der größere Weg beträgt $2\,d \sin \vartheta$. Ist dieser Gangunterschied gleich der Wellenlänge der Röntgenstrahlen oder ein Ganzzahliges von dieser, so verstärken sich die beiden Strahlen nach der Reflexion. Die reflektierten Röntgenstrahlen löschen sich bei Interferenz (Überlagerung) aus, wenn der Gangunterschied ein unganzzahliges Vielfaches der Wellenlänge beträgt.

Aus der *Braggschen Gleichung*

$$n\,\lambda = 2\,d \sin \vartheta,$$

die die Reflexionsbedingung angibt, läßt sich der Netzebenenabstand berechnen.

■ Ü. 2.6

Das am häufigsten angewandte Verfahren der Feinstrukturanalyse ist das *Debye-Scherrer*-Verfahren. Bei ihm erscheinen die Reflexe in Gestalt konzentrischer Ringe um die Richtung des Strahles auf einem Film.

Dieses Verfahren benutzt man zur Identifizierung unbekannter Kristallgemische. Des weiteren ist es möglich, auf Grund der Schärfe und der Schwärzungsintensität der Reflexe auf Veränderungen des Kristallgitters bei Kaltformungs- und Glühprozessen sowie bei Aushärtungsvorgängen zu schließen.

2.2.2. Isotropie und Anisotropie

Die Abstände benachbarter Atome in einem Raumgitter bzw. in der zu ihm gehörigen Elementarzelle sind nicht in allen Richtungen gleich. Daher zeigen alle Kristalle in verschiedenen Richtungen unterschiedliches physikalisches und chemisches Verhalten. So ist z. B. die Zugfestigkeit einer Elementarzelle in Richtung der Würfelkanten eine andere als in Richtung der Flächendiagonalen und wiederum von diesen verschieden in Richtung der Raumdiagonalen.
Die Richtungsabhängigkeit der Eigenschaften wird als *Anisotropie* bezeichnet. Körper, die gleiche Eigenschaften in allen Richtungen aufweisen, bezeichnet man als *isotrop*.
Die Anisotropie der Kristalle tritt im technischen Werkstoff meist nicht in Erscheinung, weil er aus vielen Kristallen besteht, die ganz unterschiedliche Lagen zueinander einnehmen und sich dadurch die richtungsabhängigen Eigenschaften aller Kristalle herausmitteln. Ein derartiger Werkstoff wird als *quasiisotrop* bezeichnet, d. h., seine Eigenschaften sind annähernd isotrop.

2.2.3. *Miller*sche Indizes

Bei Verformungsprozessen haben bestimmte Netzebenen eines Raumgitters ausschlaggebende Bedeutung. Zur einfachen Beschreibung ihrer Lage und zur einfachen Angabe der Richtungen in einem Raumgitter dienen die *Miller*schen Indizes.
Die *Millerschen Indizes* (hkl) erhält man, wenn man dem Raumgitter bzw. der Elementarzelle ein Koordinatensystem zuordnet, dessen drei Achsen x, y, z durch einen Gitterpunkt gehen und in den Richtungen der Kanten der Elementarzelle verlaufen. Der Einfachheit halber nimmt man als Einheit auf den Achsen die jeweilige Gitterkonstante (a, b, c) an. Die kleinsten ganzzahligen Vielfachen der Kehrwerte der Achsenabschnitte, in runde Klammern gesetzt, sind dann die *Miller*schen Indizes der Ebene (Bild 2.10a). Ebenen, die rückwärtige Verlängerungen der Achsen schneiden, also negative Achsenabschnitte haben, werden dadurch gekennzeichnet, daß über den betreffenden Index ein Strich gesetzt wird (Bild 2.10b). Bei einer zu einer Achse parallelen Ebene liegt der Schnittpunkt mit ihr im Unendlichen. Der Achsenabschnitt ist also ∞, der Kehrwert des Achsenabschnittes damit 0 (Bild 2.10c, Ebenen *1* und *2*).
Wie aus dem letzten Beispiel zu erkennen, wird durch das Ebenensymbol *(hkl)* nicht nur eine Ebene, sondern eine ganze Schar von Ebenen erfaßt, die einander parallel sind.
Die durch den Ursprung des Koordinatensystems gehenden Ebenen lassen sich leicht indizieren, wenn sie vorher parallel verschoben wurden. So ist z. B. die Ebene *3* (Bild 2.10c) auch eine (010)-Ebene.

■ Ü 2.7 bis 2.9

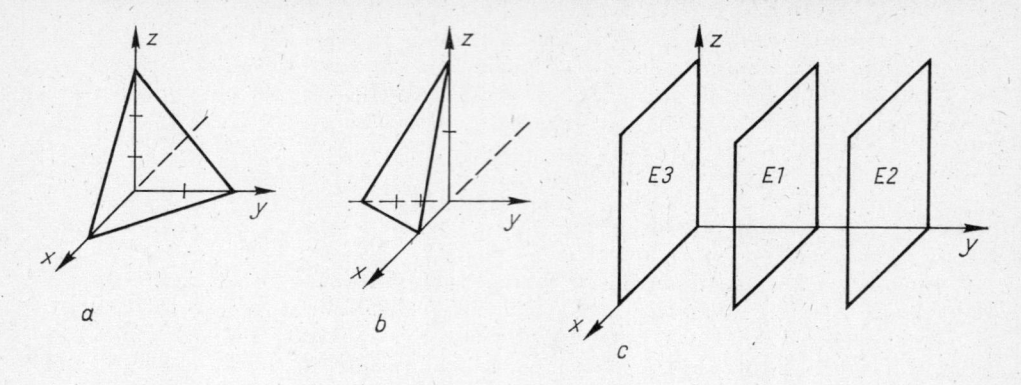

								E1			E2	
Achsenabschnitte:	$1a$	$2b$	$3c$	a	$-3b$	$2c$	∞	1	∞	∞	2	∞
Koeffizienten:	1	2	3	1	-3	2	∞	1	∞	∞	2	∞
Kehrwerte:	1	1/2	1/3	1	$-1/3$	1/2	0	1	0	0	1/2	0
ganzzahlige Vielfache:	6	3	2	6	-2	3	0	1	0	0	1	0
(hkl):		(632)			(6$\bar{2}$3)			(010)			(010)	

Bild 2.10. Kennzeichnung der Ebenenlagen durch *Miller*sche Indizes

Die in geschweiften Klammern stehenden *Miller*schen Indizes geben alle Ebenen an, die durch Vertauschen aller Werte hkl, einschließlich der negativen, erhalten werden. So werden z. B. durch das Symbol {100} die Ebenen (100), (010), (001), ($\bar{1}$00), (0$\bar{1}$0) und (00$\bar{1}$) erfaßt. Zum Schnitt gebracht, ergeben sie die Form des Körpers, der in diesem Falle ein Würfel ist. Eine beliebige Richtung in einem Gitter wird wie folgt symbolisiert. Die Gittergerade wird parallel verschoben, bis sie durch den Ursprung des Koordinatensystems geht. Die Koordinaten des Gitterpunktes, die ihn mit dem Ursprung verbinden, sind die Indizes [uvw] für die Richtungen, die in eckige Klammern gesetzt werden. Wichtige Richtungen im kubischen System sind die [100]-, [110]- und [111]-Richtungen (Bild 2.11). Richtungen mit gleichen Indizes wie eine Ebene, z. B. [100] und (100), stehen senkrecht zu ihr.

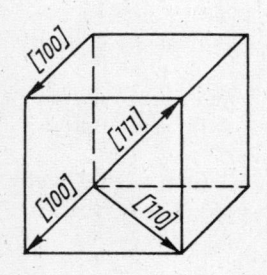

Bild 2.11. Wichtige Richtungen in kubischen Elementarzellen

■ Ü. 2.10

2.3. Realgitter und Realkristall

Zielstellung

Im Raumgitter eines idealen Kristalls sind alle Gitterplätze mit Atomen besetzt. Bei realen Kristallen ist das aber nicht der Fall. Sie weisen Baufehler auf.
Ohne Kenntnis der Baufehler ist das Verstehen technisch wichtiger Vorgänge, wie die plastische Umformung oder die Diffusion, nicht möglich. Daher müssen Sie die wichtigsten Gitterbaufehler kennen und wissen, daß Art, Anordnung, Verteilung und Menge der Baufehler maßgeblich die Eigenschaften bestimmen.

- *Wichtigste strukturelle Baufehler*

Je nach dem Ausmaß der Baufehler unterscheidet man

— punktförmige (nulldimensionale),
— linienförmige (eindimensionale) und
— flächenförmige (zweidimensionale)

Gitterbaufehler.

Die *punktförmigen* Baufehler bestehen
— im Fehlen einzelner Atome, indem nicht alle Gitterplätze besetzt sind; es sind *Leerstellen* vorhanden;
— in der Anordnung von Atomen auf sog. *Zwischengitterplätzen*;
— im Ersatz einzelner Atome durch *Fremdatome*, die Gitter- oder Zwischengitterplätze einnehmen.

In 1 cm³ eines Kristalls sind etwa 10^{24} Gitterplätze vorhanden. Die Zahl der Baufehler (Leerstellen und Zwischengitterbesetzungen) beträgt bei 20 °C etwa 10^{10}, bei 300 °C etwa 10^{16} und bei 1000 °C etwa 10^{19}. Mit steigender Temperatur nimmt also die Zahl der nulldimensionalen Baufehler zu.
Die Art der Baufehler und ihre zahlenmäßigen Veränderungen veranschaulichen die von *Schottky* und *Frenkel* entwickelten Modelle. Nach *Schottky* verlassen unter Temperatureinfluß Atome ihre Gitterplätze, wandern zur Oberfläche des Gitters und nehmen dort neue Gitterplätze ein (Bild 2.12). Die entstandenen Gitterlücken bezeichnet man als *Schottkysche Leerstellen*. Die aus Gitterplätzen abgewanderten Atome können aber auch Zwischengitterplätze besetzen. In diesem Falle ist immer eine Leerstelle mit einem Zwischengitterplatz kombiniert (Bild 2.13). Diese Art der Baufehler wird *Frenkelsche Fehlordnung* genannt.

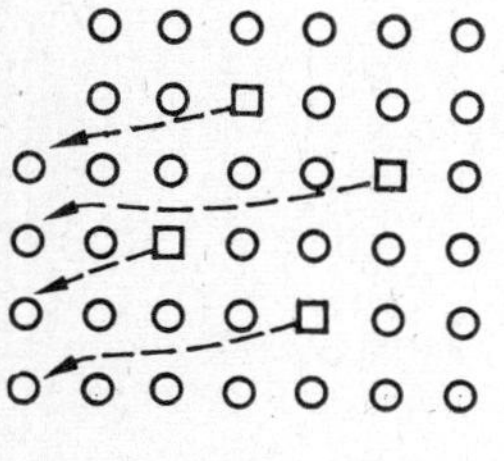

Bild 2.12. *Schottky*sche Leerstellen (□), schematisch

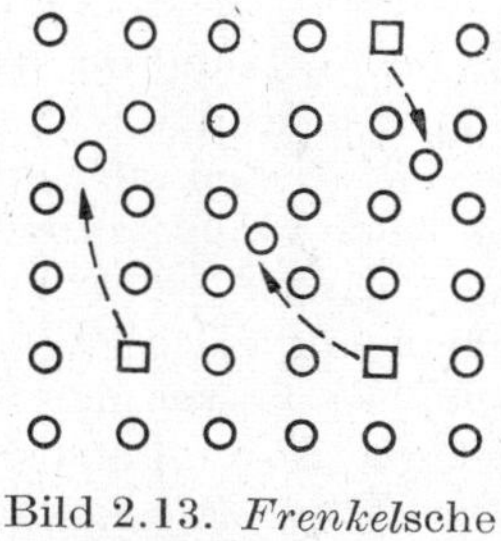

Bild 2.13. *Frenkel*sche Leerstellen (□), schematisch

Die Baufehler nach dem *Frenkel-* und *Schottky*typ befinden sich im gesamten Gitter im thermodynamischen Gleichgewicht, sofern sie nicht durch Umformung, Bestrahlung oder andere Einwirkungen entstanden sind. Ihre große Zahl bei hohen Temperaturen kann durch Abschrecken eingefroren werden. Bei Raumtemperatur ist dann im Kristallgitter ein Überschuß an Baufehlern nach dem *Frenkel-* und *Schottky*typ vorhanden, d. h., der Gleichgewichtszustand des Gitters ist gestört.
Die punktförmigen Baufehler spielen besonders bei Diffusionsvorgängen eine ausschlaggebende Rolle.

Linienförmige Gitterbaufehler sind *Versetzungen*. Man versteht darunter Baufehler, bei denen längs einer Linie die Atome ungeordnet sind.

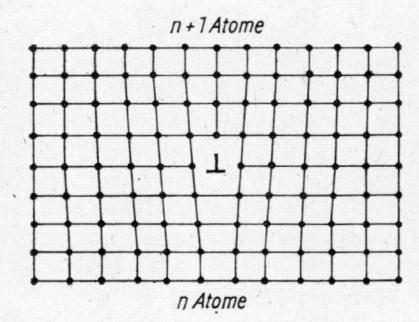

Bild 2.14. Stufenversetzung, schematisch

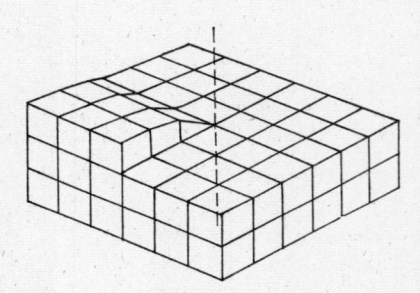

Bild 2.15. Schraubenversetzung, schematisch

Die wichtigsten Versetzungen sind Stufen- und Schraubenversetzungen.
Die *Stufenversetzung* kann man sich modellmäßig durch Einschieben einer zusätzlichen Halbebene in ein Raumgitter entstanden denken (Bild 2.14). Die unterste Atomreihe dieser Halbebene (senkrecht zur Papierebene) stellt die *Versetzungslinie* dar. Wie aus dem Bild erkennbar ist, stehen entlang einer Gittergeraden durch das Einschieben der Halbebene Bereichen von n Atomen solche von $n (+ 1)$ Atomen gegenüber.
Die Stufenversetzung wird durch das Zeichen $\perp$ symbolisiert. Der senkrechte Strich gibt die eingeschobene Gitterebene an, der waagerechte die Richtung, in der die Versetzung unter dem Einfluß einer Schubspannung um jeweils eine Gitterkonstante weiterrücken kann, wie bei der plastischen Deformation noch näher gezeigt wird.
Während bei der Stufenversetzung die Versetzung rechtwinklig zur Versetzungslinie wandert, geschieht dies bei der *Schraubenversetzung* parallel zu ihr (Bild 2.15); d. h., die Gitterebenen schrauben sich um die Versetzungslinie wie eine Wendeltreppe hoch. Zwischen beiden Versetzungen gibt es zahllose Übergänge, auf die hier nicht näher eingegangen wird.
Versetzungen entstehen hauptsächlich bei der Erstarrung (Kristallisation) und durch Umformung. Sie beeinflussen das Festigkeitsverhalten, die Umformbarkeit, die elektrischen und magnetischen Eigenschaften sowie die Dichte und Dämpfungseigenschaften eines Kristalls. Zu den *flächenförmigen* Baufehlern zählen Korngrenzen und Stapelfehler.

Realgitter und Realkristall 2.3.

Korngrenzen sind die Stellen in einem Gefüge, an denen Kristallite oder Körner mit unterschiedlicher Neigung ihrer Gitterlagen, mit verschiedener Zusammensetzung oder mit unterschiedlichen Gitterkonstanten zusammenstoßen.

Je nach der gegenseitigen Verdrehung der Gitterlagen unterscheidet man Groß- und Kleinwinkelkorngrenzen. Bei *Kleinwinkelkorngrenzen*, die aus Versetzungen bestehen (Bild 2.16), beträgt der Winkel zwischen den Gitterlagen der Kristallite nur Sekunden bis Minuten (im Extremfall 20°). Bei den *Großwinkelkorngrenzen* sind die Atome in den Grenzschichten, deren Dicke 2 bis 4 Atomabstände beträgt, ungeordnet. Diese Übergangsbereiche lassen den Einbau von Fremdatomen zu. Verunreinigungen scheiden sich somit an den Großwinkelkorngrenzen ab (Bild 2.17).

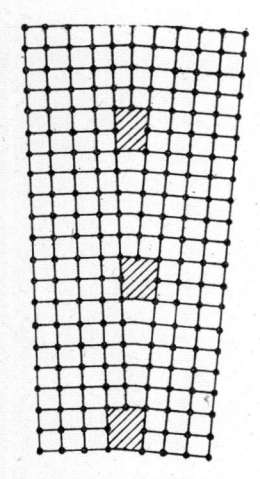

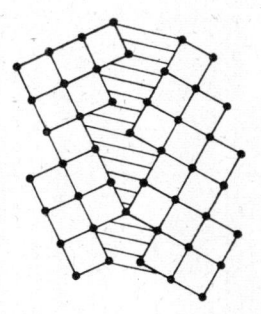

Bild 2.16. Kleinwinkelkorngrenze

Bild 2.17. Großwinkelkorngrenze

Stapelfehler bestehen in Störungen der Stapelfolge der Atomschichten (Gitterebenen), wie es Bild 2.18 für das *kfz* Gitter zeigt.

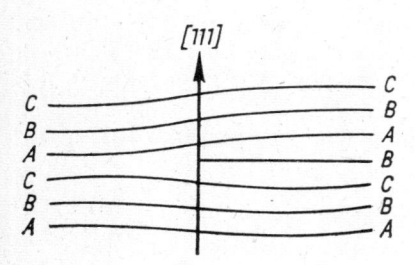

Bild 2.18. Stapelfehler im kfz Gitter, schematisch

Ebenso wie die linienförmigen Baufehler entstehen die flächenförmigen während der Erstarrung. Durch äußere Einwirkungen, z. B. durch mechanische Beanspruchung, Wärmebehandlung und Bestrahlung, können Menge und Anordnung beeinflußt werden.

■ Ü. 2.11

2.4. Schmelzen und Erstarren reiner Metalle

Zielstellung

Metalle bestehen aus sehr vielen kleinen Kristalliten, die in ihrer Gesamtheit das Gefüge bilden. Von der Art des Gefüges hängen besonders die mechanischen Eigenschaften eines Metalls ab. Deshalb müssen Sie wissen, wie ein Gefüge entsteht und durch welche Methoden die Gefügeausbildung während des Erstarrungsprozesses einer Schmelze beeinflußt werden kann.

2.4.1. Bildung und Wachstum von Kristallen

Die Abkühlungs- bzw. Erwärmungskurve eines Metalls wird mittels der *thermischen Analyse* gewonnen. Die Versuchsanordnung zu ihrer Durchführung zeigt Bild 2.19. Das zu untersuchende Metall befindet sich als Schmelze in einem Tiegel. Die Temperatur der Schmelze wird mit einem Thermoelement gemessen und kann an einem Anzeigegerät direkt abgelesen werden.

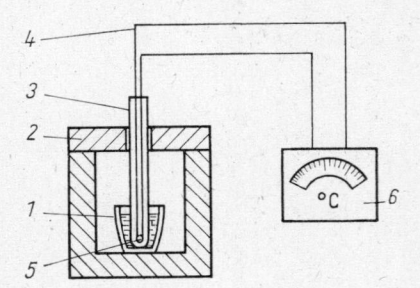

Bild 2.19. Versuchsanordnung zur thermischen Analyse
1 Schmelze
2 Ofen
3 Schutzrohr
4 Thermoelement
5 Meßstelle
6 Temperaturanzeigegerät

Die Analyse beginnt damit, daß das Schutzrohr mit dem Thermoelement in die Schmelze getaucht wird. Nach dem Temperaturausgleich zwischen Schmelze und Thermoelement wird die Wärmequelle abgestellt und in regelmäßigen Zeitabständen, z. B. aller 10 oder 20 s, am Anzeigegerät die Temperatur abgelesen. Die in einem Diagramm eingetragenen zusammengehörigen Wertepaare von Zeit und Temperatur ergeben die Abkühlungskurve. Die Erwärmungskurve wird in ähnlicher Art erhalten, wobei die zeitliche Änderung der Temperatur gemessen wird.
Bei den meisten reinen Metallen hat die Erwärmungs- bzw. Abkühlungskurve den im Bild 2.20 dargestellten prinzipiellen Verlauf.
Bei Raumtemperatur sind die thermischen Bewegungen der Atome relativ klein. Sie

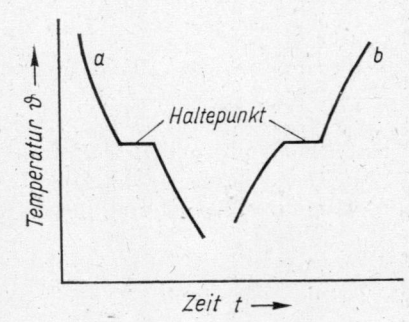

Bild 2.20. Abkühlungs- (*a*) und Erwärmungskurve (*b*) eines reinen Metalls

Schmelzen und Erstarren reiner Metalle 2.4.

schwingen im Gitterverband mehr oder weniger um ihre Gitterplätze. Mit steigender Temperatur wächst die Schwingungsamplitude der Atome. Die Gitterkonstante wird größer, die Zahl der Baufehler (*Schottky*sche Leerstellen) nimmt zu; das Volumen des Kristalls vergrößert sich. Bei einer für jeden kristallinen Stoff charakteristischen Temperatur werden die Schwingungsamplituden einiger Atome so groß, daß die zwischen ihnen wirkenden Bindungskräfte überwunden werden, d. h., das Gitter beginnt zu zerfallen; der Schmelzprozeß setzt ein. Er verläuft trotz stetiger Wärmezufuhr bei gleichbleibender Temperatur so lange, bis das gesamte Gitter zusammengebrochen ist.

■ Ü. 2.12

In der Schmelze führen die Atome regellose Bewegungen aus. Dabei stoßen sie untereinander zusammen. Infolge dieser ständigen Zusammenstöße und der damit verbundenen Energieübertragung haben die Atome in der Schmelze unterschiedliche Bewegungsenergien. Beim Abkühlen werden mit abnehmender Bewegungsenergie die gegenseitigen Bindungskräfte der Atome wirksam und halten sie in einem Abstand voneinander, der dem Gitterabstand einer dem jeweiligen Metall zugehörigen Elementarzelle entspricht. Es sind *Keime* entstanden.

Die bei der Bildung eines Keimes frei werdende Wärmeenergie führt dazu, daß in dem Augenblick, in dem ein Keim entstanden ist, ein an anderer Stelle entstandener wieder aufgelöst wird. Beständige Keime können daher erst entstehen, wenn die Temperatur, bei der Keime und Schmelze im thermodynamischen Gleichgewicht sind — die *Erstarrungstemperatur* — unterschritten, d. h. unterkühlt wird. An die Keime lagern sich dann weitere energieärmer gewordene Atome an. Der Aufbau des dem jeweiligen Metall entsprechenden Raumgitters beginnt, was entsprechend dem Temperaturgefälle in verschiedenen Richtungen verschieden schnell erfolgt (Bild 2.21). Auch bei diesem Vorgang wird Wärme frei. Die winzigen Kristalle wach-

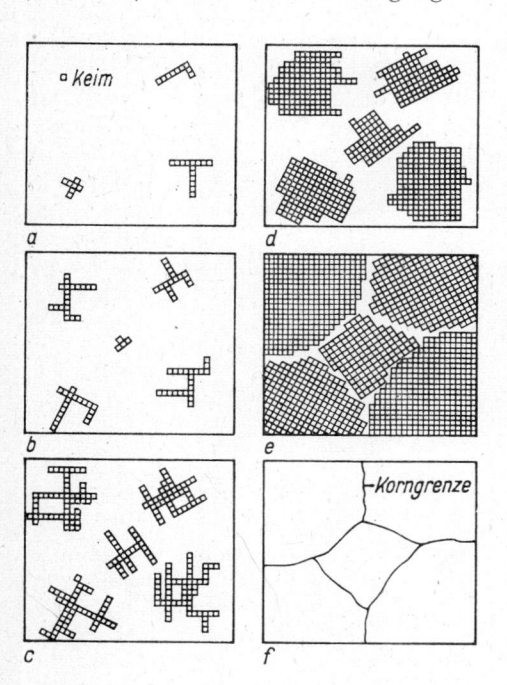

Bild 2.21. Kristallwachstum, schematisch

sen bis zu ihrer gegenseitigen Berührung. Dadurch verlieren sie ihre arteigenen regelmäßigen Begrenzungsflächen. Die regellos gestalteten kleinen Kristalle bezeichnet man als *Körner oder Kristallite*. Sie bilden in ihrer Gesamtheit das *Gefüge*.
Die gesamte Wärmemenge, die bei der Keimbildung und dem Kristallwachstum frei wird, ist die *Kristallisationswärme*. Sie bewirkt eine Verzögerung des Temperaturabfalls, so daß bei sehr langsamer Abkühlung der Erstarrungsprozeß bei einer gleichbleibenden Temperatur verläuft. Der in der Abkühlungs- bzw. Erwärmungskurve auftretende horizontale Bereich wird als *Haltepunkt* bezeichnet.
Die *Keimbildungsgeschwindigkeit* oder die Keimzahl ist die Menge der Keime, die während der Abkühlung in 1 cm³ Schmelze entsteht. Sie ist neben der Art des Stoffes und der Reinheit seiner Schmelze von der Größe der *Unterkühlung* abhängig und erreicht bei einer bestimmten Unterkühlung ein Maximum. Darüber hinaus nimmt die Keimzahl wieder ab (Bild 2.22). Die Beweglichkeit der Atome wird durch den großen Wärmeentzug stark eingeschränkt; die Atome sind nicht mehr in der Lage, reguläre Gitteranordnungen zu bilden, der Stoff erstarrt amorph.

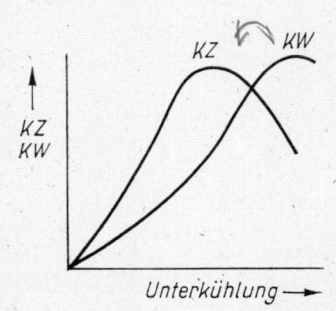

Bild 2.22. Keimbildungsgeschwindigkeit (*KZ*) und Kristallwachstum (*KW*) in Abhängigkeit von der Unterkühlung

Das *Kristallwachstum* oder die Kristallisationsgeschwindigkeit, worunter die Verschiebung der Kristallgrenze in einer bestimmten Richtung je Zeiteinheit verstanden wird, ist prinzipiell in der gleichen Weise von der Unterkühlung abhängig wie die Keimzahl, nur daß ihr Maximum meist bei einer geringeren Unterkühlung erreicht wird. Verunreinigungen der Schmelze bzw. Fremdstoffzusätze, die nicht in das Gitter aufgenommen werden, hemmen das Wachstum. Daher kristallisieren die Schmelzen reiner Stoffe häufig schneller als verunreinigte. Bei den Metallen wird selbst bei größten Unterkühlungen das Maximum der Keimzahl und des Kristallwachstums nicht überschritten.
Durch schnellere Abkühlung, d. h. durch größere Unterkühlung, wird die Erstarrungstemperatur nach tieferen Temperaturen verschoben. Während durch die Kristallisationswärme bei geringeren Unterkühlungen die Erstarrungstemperatur wie-

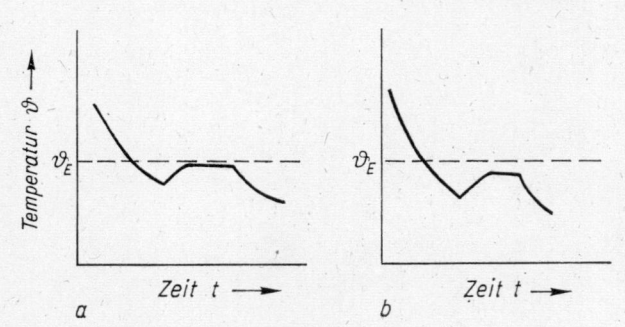

Bild 2.23. Abkühlungskurven bei Unterkühlung, schematisch
a) geringe Unterkühlung
b) starke Unterkühlung

der erreicht werden kann, ist das bei stärkeren Unterkühlungen nicht mehr möglich (Bild 2.23). Die Kristallisation erfolgt dann nur unterhalb der Erstarrungstemperatur.

Bei allen technischen Abkühlungsvorgängen wird mehr oder weniger unterkühlt.

Die durch größere Unterkühlung hervorgerufene Verlagerung der Erstarrungstemperatur kann durch Zusatz arteigener oder artfremder Keime zur Schmelze des reinen Metalls kurz vor Erreichen der Erstarrungstemperatur behoben werden. Man spricht vom *Impfen* unterkühlter Schmelzen. Arteigene Keime bestehen aus Partikeln des reinen Metalls, artfremde sind Stoffpartikeln, die eine höhere Schmelztemperatur als das reine Metall haben.

▶ *Überlegen Sie, warum durch das Impfen unterkühlter Schmelzen die Verlagerung der Erstarrungstemperatur behoben werden kann!*

2.4.2. Gußgefüge

Für die Art des sich bei der Erstarrung bildenden Gefüges ist bei gegebener Unterkühlung das Verhältnis der Keimbildungsgeschwindigkeit zum Kristallwachstum ausschlaggebend. Ein grobkörniges Gefüge entsteht, wenn das Kristallwachstum größer als die Keimbildungsgeschwindigkeit ist; im umgekehrten Fall bildet sich ein feinkörniges Gefüge (Bild 2.24). Die Gefügeausbildung kann also durch den

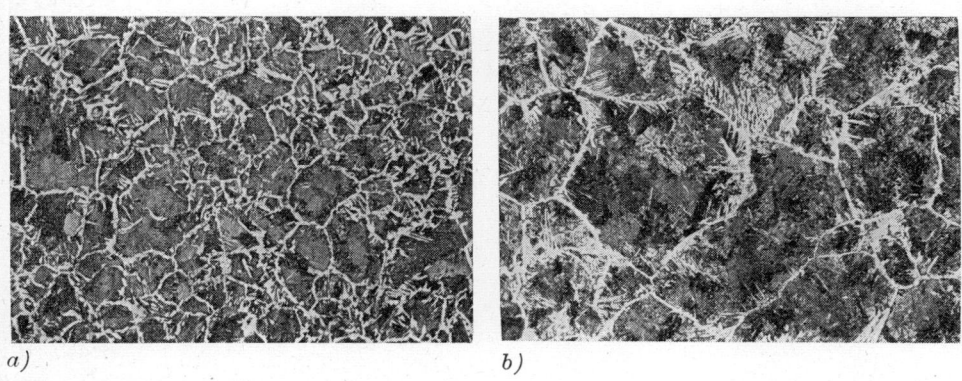

a)   b)

Bild 2.24. Fein- und grobkörniges Gefüge
a) Stahlguß bei 900 °C geglüht — »Feinkorn« (50 : 1)
b) Stahlguß bei 1200 °C geglüht — »Grobkorn« (50 : 1)

Abkühlungsvorgang und das Impfen beeinflußt werden. In der Regel ist bei den Metallen ein feinkörniges Gefüge erwünscht, das bessere mechanische Eigenschaften als ein grobkörniges Gefüge besitzt. Häufig lagern sich an den Korngrenzen noch Ausscheidungsprodukte ab, die aus Verunreinigungen (z. B. Oxide) bestehen.

■ Ü. 2.13

▶ *Überlegen Sie, warum die mechanischen Eigenschaften eines feinkörnigen Gefüges besser sind als die eines grobkörnigen und warum ein feinkörniges Gefüge quasi-isotrope Eigenschaften besitzt!*

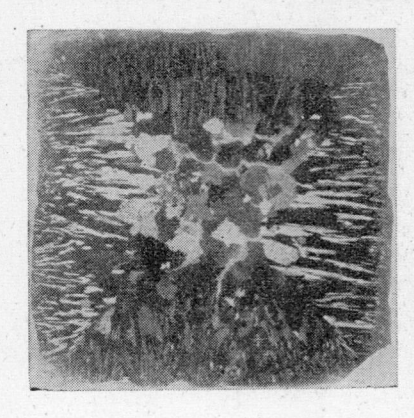

Bild 2.25. Gußgefüge

Das Gefüge dickwandiger Gußteile oder -blöcke, das sich nach dem Vergießen gebildet hat (Primärgefüge), zeigt eine unterschiedliche Struktur (Bild 2.25).

Es besteht aus

— einer feinkörnigen Randzone,
— einer Stengelkristallzone und
— einer grobkörnigen Kernzone.

Diese Zonen entstehen durch die unterschiedlichen Abläufe des Kristallisationsvorganges.

▶ *Stellen Sie sich an dieser Stelle nochmals die Abhängigkeit der Keimzahl und der Kristallisationsgeschwindigkeit von der Größe der Unterkühlung vor! Sie können dann die Frage beantworten und begründen: Weshalb ist das Primärgefüge eines dickwandigen Gußstückes in der Randzone feinkörnig?*

Die langgestreckten Kristallite, die der Randzone folgen, heißen *Stengelkristalle*. Durch die gegenüber der Randzone langsamere Abkühlung ist hier während des Erstarrens die Kristallisationsgeschwindigkeit größer als die Keimzahl. So bilden sich die größeren Kristallite, die orientiert entgegengesetzt zum Temperaturgefälle, also in Richtung des Kerns wachsen. Der Vorgang, der zu ihrer Bildung führt, heißt *Transkristallisation*. Sie ist unerwünscht, da die Stengelkristalle eine weitere Umformung, z. B. durch Walzen oder Schmieden, erschweren. Transkristallisation muß daher möglichst unterbunden werden.

■ Ü. 2.14

Während der Erstarrung können sich unter besonderen Bedingungen auch die als *Dendriten oder Tannenbaumkristalle* bezeichneten Stengelkristalle ausbilden. In polierten und geätzten Schliffen sind die Dendriten, die eine etwas andere Zusammensetzung haben als die zwischen ihnen befindlichen, später erstarrten Teile der Schmelze, gut erkennbar (Bild 2.26).
Im Kern erstarrt die Schmelze zuletzt. Infolge der in der Restschmelze noch vorhandenen Verunreinigungen und besonders der hier vorhandenen langen Erwärmung kommt es zur Ausbildung der energetisch günstigen Form — der kugeligen Form — der Kristallite, die man *Globulite* nennt. Das globulitische Gefüge ist gröber als das der Randzone.

Bild 2.26. Dendriten aus dem Lunker eines Stahlblockes (5 : 1)

2.4.3. Einkristalle

Wird das Kristallwachstum so gelenkt, daß es nur von einem einzigen Keim ausgeht und nach allen Richtungen hin ungehindert erfolgen kann, erhält man einen Einkristall. Einkristalle sind durch ihr anisotropes Verhalten gekennzeichnet. In der Halbleitertechnik finden die Einkristalle des Germaniums und des Siliciums breite Anwendung. Unter besonderen Bedingungen können sich feinste nadelförmige Einkristalle — *Haarkristalle oder Whisker* — ausbilden. Whisker enthalten nur wenige Versetzungen und besitzen eine dem theoretischen Grenzwert nahekommende Festigkeit, die für Metalle in der Größenordnung von 20 000 MPa liegt. Bisher finden Whisker nur als Stützfasern in Verbundwerkstoffen Verwendung.

2.4.4. Umwandlungen im kristallinen Zustand

Einige Metalle, wie z. B. Cobalt, Zinn, Eisen, verändern bei Erwärmung noch im kristallinen Zustand ihre Gitterstruktur. Bei charakteristischen Temperaturen — den *Umwandlungstemperaturen* — verschieben sich die Atome des Gitters gegenseitig und bilden neue andere Gitter, d. h., es finden *Gitterumwandlungen* statt, die mit geringen Wärmetönungen verbunden sind. So wandelt sich z. B. bei 450 °C das hexagonal dichtest gepackte Gitter des Cobalts während eines Haltepunktes, dem *Umwandlungspunkt*, in ein kfz Gitter um, das sich bis zum Schmelzpunkt bei 1 495 °C nicht mehr ändert. Die verschiedenen, im kristallinen Zustand innerhalb bestimmter Temperaturbereiche auftretenden Gitterarten eines Metalls werden *Modifikationen* genannt und mit steigender Temperatur der Reihe nach mit $\alpha, \beta, \gamma \ldots$ bezeichnet.
Cobalt tritt also in 2 Modifikationen auf: als α-Co bis 450 °C und als β-Co von 450 °C bis zum Schmelzpunkt.
Die Eigenschaften der Metalle, in Abhängigkeit von der Temperatur in verschiedenen Modifikationen aufzutreten, nennt man *Polymorphie*.
Mit den Modifikationsänderungen sind sprunghafte Eigenschafts- und Volumenänderungen verbunden. So geht z. B. bei tieferen Temperaturen das metallisch weiße Zinn, das β-Zinn, im Laufe der Zeit in das graue pulverförmige α-Zinn über. Diese als *Zinnpest* bezeichnete Erscheinung beruht auf einer mit der Modifikationsänderung verbundenen Volumenzunahme von 25%.
Zur Feststellung der Umwandlungstemperaturen polymorpher Metalle reicht die thermische Analyse infolge der mit den Umwandlungen verbundenen geringen Wärmetönungen nicht aus. Zur Anwendung kommt hier die *dilatometrische Analyse*.

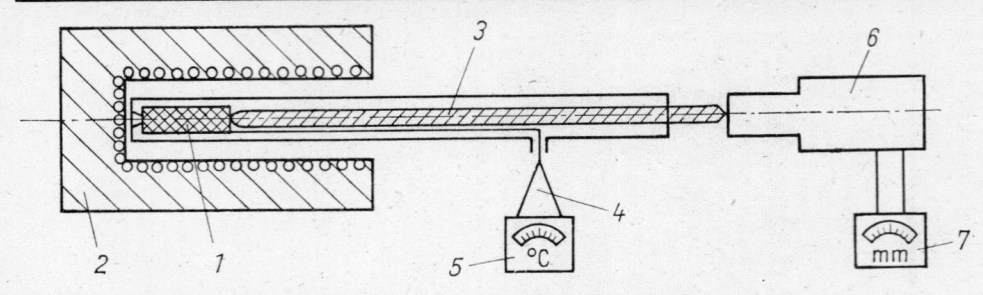

Bild 2.27. Versuchsanordnung zur dilatometrischen Analyse

1 Probe   *5* Temperaturanzeigegerät
2 Ofen   *6* induktiver Wegaufnehmer
4 Quarzstab   *7* Anzeigegerät für die Ausdehnung
3 Thermoelement

Bei ihr wird die Tatsache ausgenutzt, daß polymorphe Umwandlungen mit sprunghaften Volumenänderungen verbunden sind. Da die Volumenveränderung in Abhängigkeit von der Temperatur schlecht meßbar ist, wird die Längenausdehnung eines Stabes in Abhängigkeit von der Temperatur gemessen. Die Messung erfolgt mit dem *Dilatometer*, dessen prinzipiellen Aufbau Bild 2.27 zeigt. Ein Probestab von etwa 100 mm Länge befindet sich in einem Quarzrohr. Die Probe kann sich in einer Richtung ausdehnen, wobei sie über einen Quarzstab auf einen induktiven Wegaufnehmer einwirkt. Durch den über das Quarzrohr geschobenen Ofen kann die Probe erwärmt werden, deren Temperatur mit einem Thermoelement gemessen wird. Zusammenhängende Wertepaare von Temperatur und Ausdehnung in ein Koordinatensystem eingetragen, ergeben die *Dilatometerkurve* des Probenmaterials. Die des Eisens zeigt Bild 3.3. Aus ihr ist zu erkennen, daß Eisen in 3 Modifikationen auftritt und die Modifikationsänderung $Fe_\alpha \rightarrow Fe_\gamma$ bei einer anderen Temperatur erfolgt als die $Fe_\alpha \rightarrow Fe_\gamma$. Näheres hierüber erfahren Sie in Abschnitt 3.

2.5.   Elastische und plastische Formänderung

Zielstellung

Metallische Werkstoffe können sowohl elastisch als auch plastisch umgeformt werden. Umformungen verändern nicht nur die äußere Gestalt eines Werkstoffes, sondern beeinflussen auch seine Eigenschaften. Um Umformungen zweckentsprechend durchzuführen, müssen Sie Kenntnisse über die ablaufenden Prozesse im Werkstoff haben. Außerdem müssen Sie dabei wissen, welche Verfahren es ermöglichen, den umgeformten Werkstoff in seinen Eigenschaften so zu beeinflussen, daß er den an ihn gestellten Anforderungen weitgehend entspricht.

2.5.1.   Elastische Formänderung

Wird ein Stab durch Zug beansprucht, entsteht in ihm eine Spannung

$$R = \frac{F}{S_0}$$

F Zugkraft
S_0 Querschnitt des Stabes vor der Beanspruchung.

Durch die Beanspruchung dehnt sich das Material. Das Verhältnis

$$\frac{\text{Verlängerung}}{\text{Ausgangslänge}} = \left(\frac{L - L_0}{L_0}\right) 100 = \varepsilon$$

heißt *Dehnung*.

Die Dehnung ist elastisch, solange die Spannung einen für jeden Werkstoff bestimmten Grenzwert — die *Elastizitätsgrenze* — nicht überschreitet.

Bei der elastischen Formänderung eines Raumgitters verändern sich die Abstände der Atome oder die Winkelverhältnisse der Achsen bzw. beides zusammen geringfügig (Bild 2.28). Obwohl die gegenseitige Lage der Atome im Gitterverband erhal-

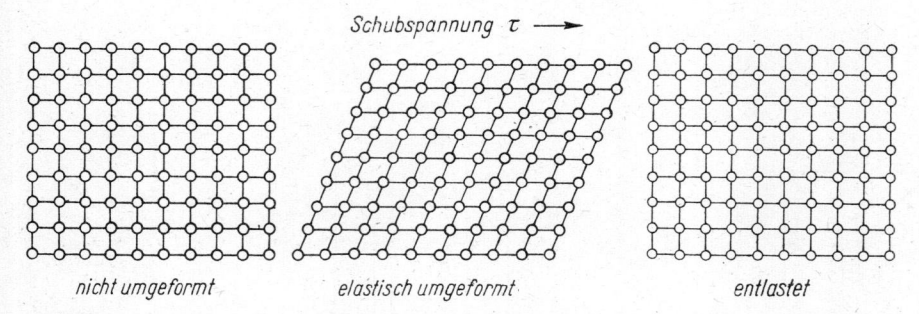

Bild 2.28. Schema der elastischen Formänderung eines Raumgitters

ten bleibt, sind gegenüber dem ursprünglichen Zustand die Spannungen im Gitter größer geworden, d. h., es befindet sich in einem höheren Energiezustand. Weil jedes abgeschlossene System immer den niedrigsten Energiezustand anstrebt, kehren die Atome nach Entlastung des Raumgitters wieder in ihre Ausgangslage zurück. Die elastische Formänderung ist also reversibel.

Unterhalb der Elastizitätsgrenze besteht zwischen der Dehnung und der Spannung eine direkte Proportionalität. Es ist $\varepsilon = \alpha R$.

Der Proportionalitätsfaktor α heißt *Dehnzahl*; sein Kehrwert ist der *Elastizitätsmodul E*

$$E = \frac{1}{\alpha}.$$

Die Dehnung und damit auch der E-Modul sind von den gegenseitigen Bindungskräften der Atome im Gitter abhängig. Daher haben sie bei einem Einkristall bei gleicher Beanspruchung in verschiedenen Richtungen verschiedene Werte. Die in Tabellenbüchern angegebenen Werte für den E-Modul sind Mittelwerte.

2.5.2. Plastische Formänderung

Der Übergang vom elastischen zum plastischen Bereich erfolgt, wenn der Wert der vom Werkstoff abhängigen Elastizitätsgrenze überschritten wird.

Bei der plastischen Formänderung eines Raumgitters werden zunächst unter dem Einfluß von Schubspannungen ganze Gitterbereiche längs bestimmter Ebenen und Richtungen, den *Gleitebenen* und *Gleitrichtungen*, gegeneinander verschoben (Bild 2.29). Gleitebenen sind meist die am dichtesten mit Atomen besetzten Ebenen.

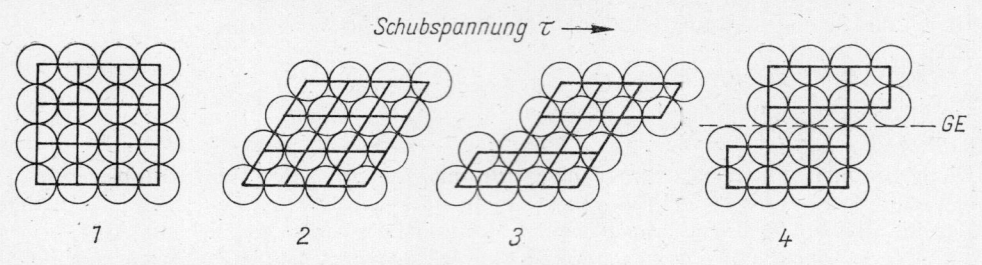

Bild 2.29. Plastische Formänderung durch Abgleiten
1 nicht umgeformt
2 elastisch umgeformt
3 elastisch und plastisch umgeformt
4 plastisch umgeformt nach Entlastung
GE Gleitebene
$\tau_2 < \tau_3$

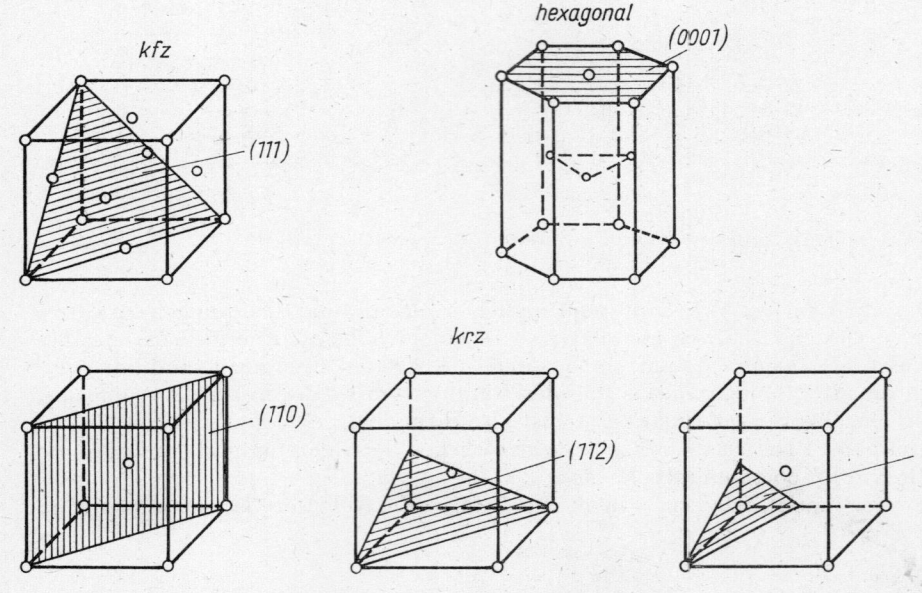

Bild 2.30. Gleitebenen im kfz, hexagonalen und krz Gitter

Innerhalb dieser Ebenen erfolgt die Gleitung in der Richtung, die mit der Richtung der dichtesten Atompackung übereinstimmt. Im kfz Gitter findet somit das Gleiten in den (111)-Ebenen längs der Richtung [110] statt. Im krz Gitter treten neben den Ebenen (110) noch die Ebenen (112) und (123) als Gleitebenen auf. Gleitrichtung ist hier immer die Richtung [111]. Im hexagonalen Gitter erfolgt die Kennzeichnung der Flächen durch vier Indizes, worauf hier nicht eingegangen wird. Gleitebene ist die Basisebene; die Gleitung verläuft längs der Kanten des Basis-Hexagons (Bild 2.30). Gleitebenen und Gleitrichtungen eines Gitters zusammengefaßt, ergeben die Zahl seiner *Gleitsysteme*. Je größer sie ist, um so besser ist die plastische Umformbarkeit. Kfz Gitter haben 12 Gleitsysteme (4 Gleitebenen mit je 3 Gleitrichtungen). Die Zahl der Gleitsysteme des krz Gitters ist nicht eindeutig bestimmbar; sie ist kleiner als die des kfz Gitters, aber größer als die des hexagonalen.

■ Ü. 2.15

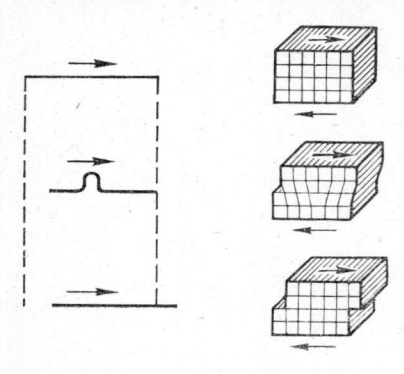

Bild 2.31. Teppichfaltenmodell zur Verschiebung zweier Kristallteile durch eine Stufenversetzung

Voraussetzung für die plastische Formänderung sind Versetzungen. Unter dem Einfluß einer Schubspannung wandern die Versetzungen durch den ganzen Kristall. Dieser Vorgang ist mit dem Verschieben einer Falte in einem Teppich vergleichbar. Diese Art Bewegung ist mit geringeren Kräften möglich als die der Verschiebung des gesamten Teppichs (Bild 2.31). Die Mindestgröße der Schubspannung, die überschritten werden muß, um Versetzungen zu bewegen, wird als *kritische Schubspannung* bezeichnet.

Das Gleiten der Versetzungen in den genannten Ebenen beginnt damit, daß die zur Schubspannung günstig gelegenen Ebenen zuerst verschoben und benachbarte in die Richtung der Schubspannung eingedreht werden. Die Versetzungen wandern, bis sie einen Gitterabstand oder mehrere Gitterabstände erreicht haben oder an Korngrenzen enden. Es entstehen auch neue Versetzungen. Neben dem Gleiten gibt es noch einen weiteren, wesentlich selteneren Mechanismus der plastischen Formänderung.

Wird ein Gitterbereich durch Schubkräfte schlagartig beansprucht, so kann es dazu kommen, daß ein Teilstück in eine spiegelbildliche Lage umklappt. Dieser Vorgang wird als *Zwillingsbildung* bezeichnet. Bei kfz Metallen reichen zur Zwillingsbildung die Abkühlungsspannungen aus, so daß im Gefügebild von kfz Metallen viele Zwillinge zu beobachten sind. Eine Ausnahme bildet Aluminium. Die Versetzungsdichte, die in einem geglühten Metallkristall etwa 10^6 bis 10^8 cm^{-2} beträgt, steigt durch die plastische Formänderung auf 10^{10} bis 10^{12} cm^{-2} an. Durch die Zunahme der Versetzungen erfolgt eine verstärkte gegenseitige Behinderung. Die Anhäufung von Versetzungen im Gitter und die dadurch hervorgerufenen Gitterverzerrungen äußern sich in der Verfestigung des Kristalls. Für weitere Formänderungen ist daher ein immer größer werdender Kraftaufwand erforderlich.

In den einzelnen Kristalliten des Gefüges eines Metalls finden bei der plastischen Formänderung ebenfalls die schon erörterten Vorgänge statt. Das Abgleiten von Gitterschichten beginnt zunächst in den Gittern der Kristalle, deren Gleitebenen am günstigsten zur Beanspruchungsrichtung liegen. Es wird aber an den Korngrenzen durch die benachbarten, weniger günstig gelegenen Kristallite mehr oder weniger behindert und führt dadurch zur Verkrümmung der Gleitebenen. Damit ist eine Verfestigung der Korngrenzen verbunden. Bei entsprechenden Schubspannungen werden schließlich auch die Gitter der ungünstig zur Schubspannungsrichtung liegenden Kristallite in die Gleitprozesse einbezogen, indem über ihre zunächst elastische Formänderung ein Eindrehen der Gleitebenen und damit der Kristalle in die Beanspruchungsrichtung erfolgt (Bild 2.32). Die Größe der Formänderung wird durch den *Umformgrad* angegeben. Bei gewalzten oder gezogenen Proben wird er meist durch die eingetretene prozentuale Querschnittsabnahme ausgedrückt.

2. Grundlagen der Metalle und Legierungen

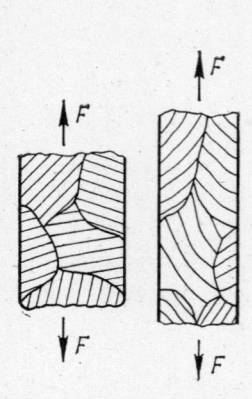

Bild 2.32. Gleitvorgang bei Zugbeanspruchung von Vielkristallen

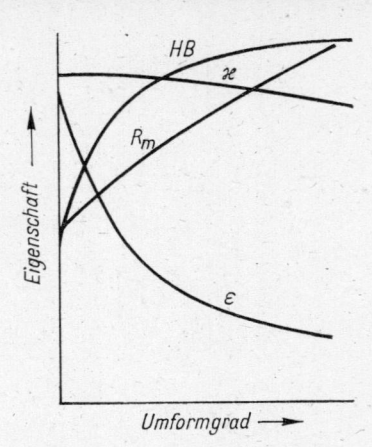

Bild 2.33. Änderung von Eigenschaften in Abhängigkeit vom Umformgrad
HB   *Brinell*härte
$\varkappa$ elektrische Leitfähigkeit
R_m Zugfestigkeit
ε Dehnung

$$\varphi = \frac{A_0 - A}{A_0}\, 100\,\%$$

A_0 Anfangsquerschnitt
A Endquerschnitt

Je größer φ ist, um so mehr nehmen Härte und Festigkeit zu, während Dehnung und elektrische Leitfähigkeit sinken (Bild 2.33). Vielfach erfolgt bei genügend großen Umformgraden eine Ausrichtung der Kristallite, *Textur* genannt (Bild 2.34). Das Gefüge zeigt dann anisotropes Verhalten. Texturen können erwünscht, aber auch

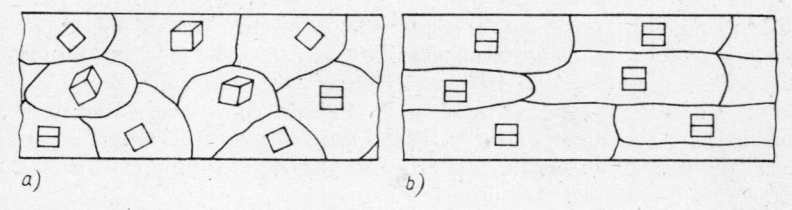

Bild 2.34. Gefüge und Textur
a) nicht umgeformtes Gefüge ohne Textur
b) umgeformtes Gefüge mit Textur

Bild 2.35. Zipfelbildung, entstanden durch Textur im Ziehblech

unerwünscht sein. Tiefziehbleche sollen keine Textur aufweisen, da beim Ziehen zylindrischer Teile Zipfelbildungen auftreten oder Risse entstehen (Bild 2.35). Bei Transformatorenblechen dagegen ist eine Textur erwünscht, weil durch sie die Wattverluste herabgesetzt werden.

▪ Ü. 2.16

2.5.3. Kristallerholung und Rekristallisation

Der in einem umgeformten Gitter bestehende erhöhte Spannungszustand kann durch Temperaturerhöhung abgebaut werden. Die Atome werden durch Erhöhung der Temperatur beweglicher und können so Plätze einnehmen, die zur Verringerung der Anzahl der durch die Formänderung hervorgerufenen Gitterbaufehler führen. Bei diesem Vorgang ist zwischen der Kristallerholung und der Rekristallisation zu unterscheiden.

Die *Kristallerholung* besteht in der Ausheilung punktförmiger Fehlstellen und in der Umordnung von Versetzungen. Die durch die Umformung in den Kristalliten aufgestauten Versetzungen, wie z. B. die an den Korngrenzen, können sich aus den Aufstauungen herausbewegen und in energetisch günstigerer Form als Kleinwinkelkorngrenzen anordnen. Eine Gefügeänderung findet hierbei nicht statt. Die Form der einzelnen Kristallite, wie sie durch die Umformung entstanden ist, bleibt also erhalten. Nicht erhalten bleiben die Eigenschaften des umgeformten Materials. So ist nach mäßiger Erwärmung und nachfolgender langsamer Abkühlung festzustellen, daß sich die mechanischen Eigenschaften geringfügig, die elektrische Leitfähigkeit bzw. der elektrische Widerstand dagegen wesentlich geändert haben, ohne aber die Werte des ungeformten Ausgangsmaterials zu erreichen.

Eine Kristallerholung kann bei bestimmten Metallen auch ohne Erwärmen im Laufe der Zeit eintreten.

Bei höheren Temperaturen und entsprechenden Glühzeiten finden Platzwechselvorgänge der Atome statt. Sie führen an Stellen stärkster Gitterdeformation zur Bildung neuer ungestörter Gitterbereiche, zu Keimen. Von ihnen ausgehend, wachsen unter Aufzehrung der deformierten Kristallite neue Kristallite bis zu ihrer gegenseitigen Berührung in das Umformungsgefüge hinein. So entsteht ein neues Gefüge, in dem alle durch die Umformung veränderten Eigenschaften auf die des unverformten Ausgangsmaterials zurückgeführt werden.

Die durch Erwärmung herbeigeführte Neubildung eines umgeformten Gefüges unter Beibehaltung des Gittertyps bezeichnet man als Rekristallisation.

Die Temperatur, bei der die Rekristallisation beginnt, ist die *Rekristallisationstemperatur* T_R.

▸ *Überlegen Sie, weshalb die Rekristallisationstemperatur vom Umformgrad beeinflußt werden kann!*

Zwischen Rekristallisationstemperatur und Umformgrad besteht ein Zusammenhang. Er ist in Bild 2.36 dargestellt. Die niedrigste Rekristallisationstemperatur in K, bei der nach stärkster Umformung die Rekristallisation reiner Metalle einsetzt, kann nach *Tammann* und *Botschwar* berechnet werden aus

$$T_{R\,min} = 0{,}4 \cdot T_S$$

T_S Schmelztemperatur in k.

Lehrbeispiel

Wie hoch ist die Mindestrekristallisationstemperatur von Kupfer?

Lösung

Schmelztemperatur von Kupfer $T_S = (1083 + 273)\,°C = 1356\,K$
$T_{R\,min} = 0{,}4 \cdot 1356\,K = 542\,K \,\widehat{=}\, 269\,°C$

Bei sehr kleinen Umformgraden wären zur Neubildung der Kristalle sehr hohe Temperaturen erforderlich. Die Schmelz- bzw. Umwandlungstemperatur darf aber nicht erreicht werden. Es kann daher in solchen Fällen keine Rekristallisation stattfinden. Erst bei einem für jedes Metall verschieden großen Mindestumformungsgrad — dem *kritischen Umformungsgrad* — kann die Rekristallisation beginnen. Beim Eisen z. B. liegt der kritische Umformungsgrad bei 5 bis 10%.
Die Zahl der durch die Formänderung gestörten Gitterbereiche wirkt sich bei der Rekristallisation auf die Korngröße des Rekristallisationsgefüges in gleicher Weise aus wie die Keimzahl auf die Korngröße des aus einer Schmelze entstandenen Gefüges. Das bedeutet, daß in stark umgeformtem Material viele Rekristallisationskeime vorhanden sind. Bei der Rekristallisation besteht also auch ein Zusammenhang zwischen Korngröße und Umformgrad (Bild 2.37).

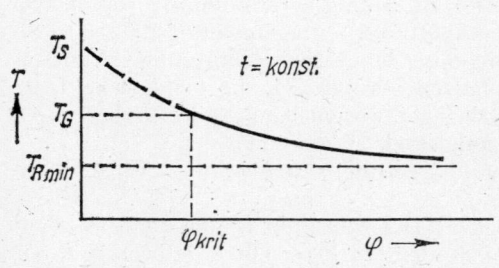

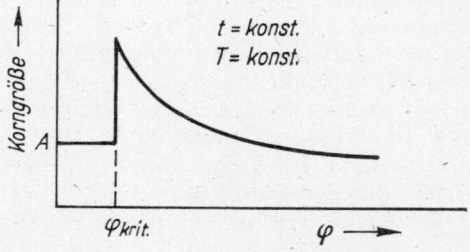

Bild 2.36. Abhängigkeit der Rekristallisationstemperatur vom Umformgrad

$T_{R\,min}$ Mindestrekristallisationstemperatur
T_S Schmelztemperatur
T_G Glühtemperatur
t Glühzeit

Bild 2.37. Abhängigkeit der Korngröße vom Umformgrad
A Korngröße des Gefüges vor der Umformung

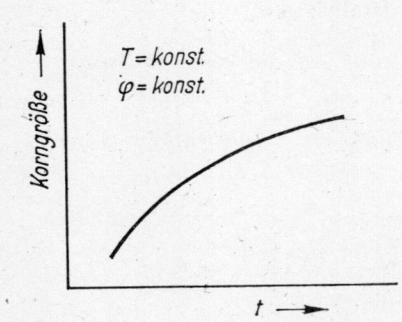

Bild 2.38. Abhängigkeit der Korngröße von der Glühzeit

▶ *Beweisen Sie, warum der kritische Umformgrad für die Rekristallisation ungünstig ist und möglichst vermieden werden muß!*

Bei der Rekristallisation hat bei gleichem Umformgrad und bei gleicher Rekristallisationstemperatur auch die Glühdauer Einfluß auf die Korngröße (Bild 2.38). Da lange Glühzeiten zur Grobkornbildung führen, sind sie zu vermeiden.

■ Ü. 2.17

Der Zusammenhang zwischen Umformgrad, Rekristallisationstemperatur und Korngröße wird in räumlichen *Rekristallisationsschaubildern* (Bild 2.39) wiedergegeben. Die gestrichelte Kurve stellt die Verbindungslinie der Schwellenwerte des jeweiligen Umformgrades dar. Sie entspricht der in Bild 2.37 dargestellten Abhängigkeit der Korngröße vom Umformgrad.

■ Ü. 2.18

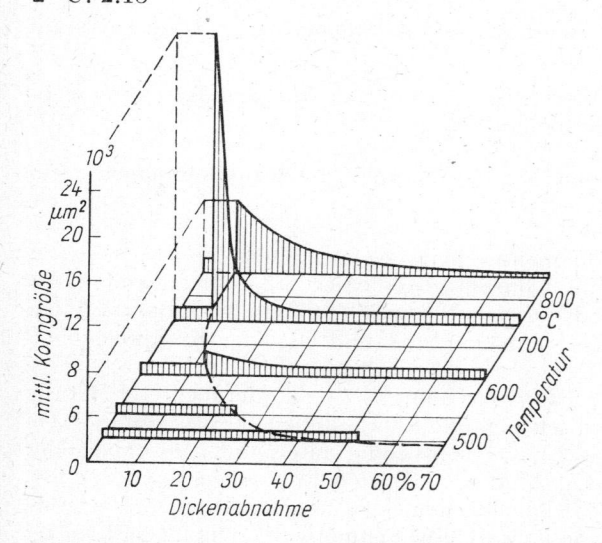

Bild 2.39. Rekristallisationsschaubild von Eisen nach *Hanemann* und *Czochralski*

Metalle werden nicht nur kalt, sondern auch warm umgeformt. Die Grenze zwischen der Kalt- und Warmumformung ist durch die Rekristallisationstemperatur des jeweiligen Metalls gegeben. Bei Umformungen oberhalb der Rekristallisationstemperatur — bei der Warmumformung — tritt bereits während der Formgebung oder unmittelbar danach Kristallerholung und Rekristallisation ein.

Merke!

Umformung bei $T < T_R$ ≙ Kaltumformung

Umformung bei $T > T_R$ ≙ Warmumformung

▶ *Vervollständigen Sie Anlage 2.6 und lösen Sie Ü. 2.19!*

2.6. Einführung in die Legierungslehre

Zielstellung

Die meisten in der Technik eingesetzten metallischen Werkstoffe sind Legierungen. Um ihre Eigenschaften aus ihrer Zusammensetzung und aus ihrem Gefügeaufbau ableiten zu können, sind Kenntnisse über in der Legierungslehre verwendete Begriffe, die in Legierungen auftretenden Kristallarten und die Diffusion erforderlich, die Ihnen im folgenden vermittelt werden.

2.6.1. Begriffe

Die Bestandteile einer Legierung außer den vorhandenen Verunreinigungen heißen *Komponenten*. Sie werden auch als Legierungselemente bezeichnet und können Metalle, aber auch Nichtmetalle (z. B. Kohlenstoff) sein.

■ Ü. 2.20

Je nach der Anzahl der Komponenten unterscheidet man:

— *binäre Legierungssysteme*, bestehend aus zwei Komponenten, z. B. das System Pb — Sn (Lötzinn);
— *ternäre Legierungssysteme*, bestehend aus drei Komponenten, z. B. das System Cu — Ni — Zn (Neusilber);
— *quaternäre Legierungssysteme*, bestehend aus mehr als drei Komponenten, z. B. das System Al — Si — Cu — Ni (Kolbenlegierung).

Legierungen sind Mehrkomponentensysteme, in denen die Hauptkomponente ein Metall ist.

Das Mischungsverhältnis der Komponenten heißt *Konzentration*. Es wird meist in Masse-% angegeben. Ist z. B. die Konzentration einer Legierung des binären Systems $A-B$, worin A und B die Komponenten sind, 40/60, so heißt das: in 100 g der Legierung $A-B$ sind 40 g der Komponente A und 60 g der Komponente B enthalten.

Legierungen werden meist durch Zusammenschmelzen zweier oder mehrerer Metalle oder von Metallen mit nichtmetallischen Stoffen hergestellt. Voraussetzung dabei ist, daß die Komponenten in der Schmelze vollständig miteinander mischbar oder vollständig ineinander löslich sind, d. h., die Schmelze muß homogen sein.

Als *homogen* bezeichnet man die Zustandsform eines Stoffes, dessen sämtliche Teile dieselben Eigenschaften besitzen. So ist z. B. eine Schmelze aus Kupfer und Nickel homogen, weil beide Metalle in jedem Verhältnis vollständig ineinander löslich sind. *Heterogen* dagegen ist ein Stoff, wenn er aus zwei oder mehreren verschiedenen Bestandteilen besteht. Eine Schmelze aus Eisen und Blei z. B. ist heterogen, denn Blei ist nicht im Eisen löslich.

Alle physikalisch einheitlichen Bestandteile eines Stoffes bezeichnet man als *Phasen*.

Unter einer Phase versteht man die stofflichen Bezirke, die in sich homogen sind, gleiche chemische Zusammensetzung und gleiche Eigenschaften haben sowie von anderen Phasen durch Phasengrenzflächen trennbar sind.

2.6.2. Gefügebestandteile

Je nach der Art der Komponenten können nach der Erstarrung der homogenen Mischschmelze, also im kristallinen Zustand, eine oder mehrere Phasen vorhanden sein.

● *Mischkristalle*

Enthalten die Kristalle in ihren Gittern sowohl Atome der Komponente A als auch solche der Komponente B, dann spricht man von *Mischkristallen*. Die Mischung der Komponenten im Kristallgitter ist optisch (z. B. metallographisch) nicht zu beobachten. Weil die Komponenten im kristallinen Zustand vollständig ineinander gelöst sind, spricht man auch von einer *festen Lösung*.

Je nachdem, an welchen Stellen die Atome der einen Komponente in das Gitter der anderen Komponente eingebaut sind, unterscheidet man zwischen Austausch- bzw. Substitutionsmischkristallen und Einlagerungsmischkristallen.

- *Austauschmischkristalle*

In den Gittern der Austauschmischkristalle sind Atome der einen gegen Atome der anderen Komponente ausgetauscht bzw. substituiert worden (Bild 2.40). Soll dieser Austausch für alle beliebig zusammengesetzten Legierungen der Komponenten A und B erfolgen, d. h., sollen die Komponenten bei allen Mischungsverhältnissen vollständig ineinander löslich sein, so daß im kristallinen Zustand nur eine Phase besteht, dann müssen u. a.

— die Komponenten gleichen oder ähnlichen Gittertyp haben,
— die Atomradien der Komponenten keinen größeren Unterschied als 15% aufweisen und
— die Anzahl der Valenzelektronen muß etwa gleich sein.

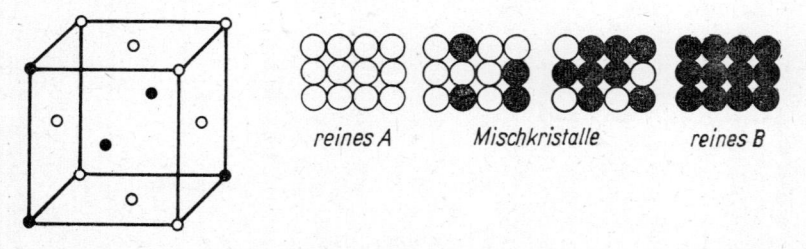

Bild 2.40. Austauschmischkristalle, schematisch

Der Unterschied in den Atomradien wirkt sich auf den Gitterzustand aus. Der einem substituierten Atom nächstgelegene Gitterbereich wird aufgeweitet, wenn dieses Atom größer ist als die Atome des Grundgitters; ist es kleiner, verengen sich die nächstgelegenen Gitterbereiche (Bild 2.41).

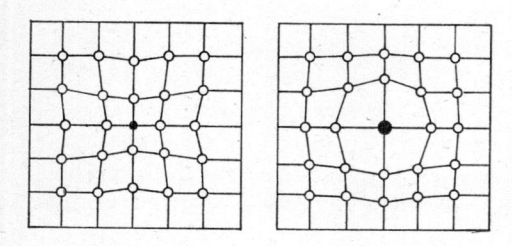

Bild 2.41. Gitterstörungen bei der Mischkristallbildung

Austauschmischkristalle haben andere Eigenschaften als die Kristalle der reinen Komponenten. In welcher Weise sich Eigenschaften der Legierungen, die nur aus Austauschmischkristallen bestehen, ändern, zeigt Bild 2.42.

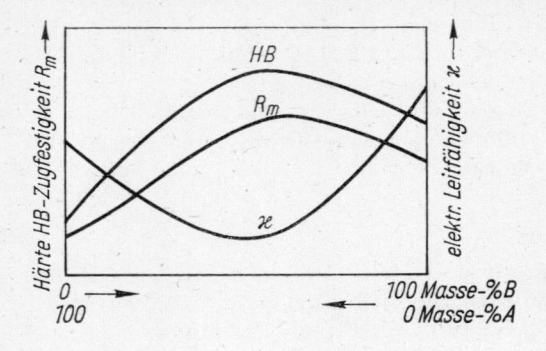

Bild 2.42. Eigenschaften von Austauschkristallen in Abhängigkeit von der Zusammensetzung, schematisch

■ Ü. 2.21

Im Gitter der Austauschmischkristalle sind in der Regel die Atome der Komponenten unregelmäßig, d. h. statistisch verteilt. Unter besonderen Bedingungen jedoch können geordnete oder regelmäßige Atomverteilungen entstehen (Bild 2.43). Sie werden als *Überstrukturen* bezeichnet. So können z. B. bei einer Zweistofflegierung $A-B$, deren Komponenten kfz Gitter haben, zwei Überstrukturen auftreten. Die eine ist dadurch gekennzeichnet, daß die Atome der Komponenten abwechselnd die Netzebenen besetzen, die andere dadurch, daß sich in den Flächenmitten der Elementarzelle A-Atome, in den Würfelecken aber B-Atome befinden (Bild 2.44).

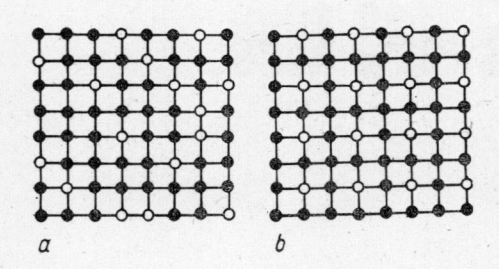

Bild 2.43. Austauschmischkristalle mit regelloser (a) und geordneter (b) Verteilung der Atome A und B

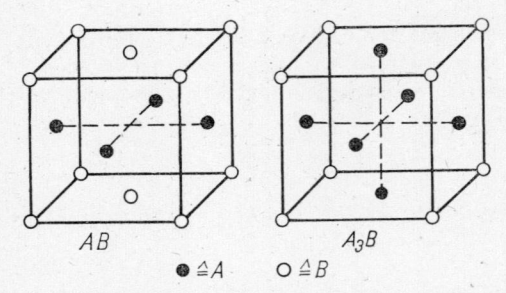

Bild 2.44. Überstrukturen

Im ersten Fall ist das Verhältnis der Atome der Komponenten 1 : 1, im zweiten 3 : 1. Entsprechend der Schreibweise chemischer Bruttoformeln können diese Verhältnisse durch eine Bezeichnung wie AB bzw. A_3B und andere wiedergegeben werden.

▶ *Weisen Sie diese durch Rechnung nach, indem Sie die zu einer Elementarzelle gehörigen Atomzahlen der Komponenten berechnen!*

Überstrukturen sind, da sie mit stärkeren Gitterverzerrungen verbunden sind, meist härter und spröder als reine Austauschmischkristalle und daher schwer kaltformbar. Der Ordnungszustand der Atome im Gitter der Austauschmischkristalle hat auch Einfluß auf die elektrische Leitfähigkeit. Sie ist in Legierungen mit geordneter Verteilung der Atome höher als in solchen mit regelloser Verteilung.

- *Einlagerungsmischkristalle*

In einem Einlagerungsmischkristall sind Atome der einen Komponente in die Gitterlücken der anderen eingelagert (Bild 2.45). Die Einlagerung eines Atoms in ein Gitter ist aber u. a. nur dann möglich, wenn das Verhältnis des Durchmessers des eingelagerten Atoms zu dem des einlagernden nicht größer als 0,58 ist. Die eingelagerten Atome sind auf die Zwischengitterplätze des einlagernden Gitters statistisch verteilt.

Bild 2.45. Einlagerungsmischkristall, schematisch

In Legierungsreihen mit Austauschmischkristallbildung sind die Komponenten in jedem beliebigen Verhältnis zwischen 0 und 100% mischbar. In Legierungen mit Einlagerungsmischkristallbildung ist das aber nicht möglich, wenn im kristallinen Zustand nur eine Phase vorliegen soll. Man spricht deshalb von einer begrenzten Löslichkeit im kristallinen Zustand.

▶ *Begründen Sie, warum in Legierungen mit Einlagerungsmischkristallbildung die Komponenten im kristallinen Zustand nur begrenzt ineinander löslich sein können!*

Begrenzte Löslichkeit der Komponenten im kristallinen Zustand kann auch in Legierungsreihen mit Austauschmischkristallen auftreten.
Die Eigenschaften der Einlagerungsmischkristalle ändern sich mit steigendem Prozentsatz der Einlagerungskomponente nahezu linear bis zu einem Maximal- bzw. Minimalwert.

- *Kristallgemische*

Entmischt sich die homogene Mischschmelze während der Erstarrung, entstehen unterschiedliche Kristalle. Die Ursachen für diese Entmischung können unter-

Bild 2.46. Kristallgemisch, schematisch

schiedlicher Gitteraufbau und begrenztes Lösungsvermögen der beiden Komponenten füreinander sein. Das Gefüge derartiger Legierungen besteht somit aus einem Gemisch von Kristallen der einzelnen Komponenten, aus einem Kristallgemisch. In ihm liegen die einzelnen Kristallarten, getrennt durch die Korngrenzen, in mehr oder weniger feiner Verteilung vor. Sie können mit Hilfe metallografischer Verfahren sichtbar gemacht werden (Bild 2.46). Kristallgemische können Gemische aus Kristallen reiner Komponenten, d. h., jede Komponente kristallisiert für sich, oder Gemische aus Mischkristallen sein.

- *Intermetallische Phasen*

Wenn die Komponenten einer Legierung eine bestimmte Affinität überschreiten, kommen bei bestimmten Konzentrationen neben der metallischen Bindung der Atome noch andere Bindungsarten zur Wirkung. Es bilden sich Atomgitter mit kompliziertem Aufbau, in denen die Atome der Komponenten grundsätzlich geordnet verteilt sind. Es bilden sich intermetallische Phasen. Auf Grund der geordneten Atomverteilung wird bei den intermetallischen Phasen ebenfalls die Schreibweise chemischer Bruttoformeln angewandt (z. B. Fe_3C, allgemein $A_m B_n$).

Intermetallische Phasen verhalten sich wie eine selbständige Kristallart. Sie können wie ein reines Metall einen genau festgelegten Schmelzpunkt haben, aber auch vor Erreichen desselben zerfallen. Infolge ihres kompliziert aufgebauten Gitters sind sie außerordentlich hart und spröde und daher kaum formbar. Aus diesem Grund sind sie allein technisch nicht brauchbar, aber zusammen mit weichen und zähen Phasen ergeben sich technisch gut verwertbare Kristallgemische.

- Ü. 2.22 und 2.23

2.6.3. Diffusionsvorgänge

Im Raumgitter eines homogenen Mischkristalls sind die Atome der Komponenten A und B statistisch verteilt, in dem eines inhomogenen Mischkristalls dagegen nicht (Bild 2.47). Sein Raumgitter ist infolge des Konzentrationsunterschiedes zwischen

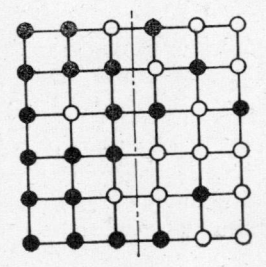

Bild 2.47. Inhomogener Mischkristall
● A-Atome ○ B-Atome

den Bereichen nicht im Gleichgewicht. Das angestrebte Gleichgewicht wird erreicht, wenn unter Temperatureinfluß Ausgleichsvorgänge stattfinden, wenn also, wie hier, A-Atome von links nach rechts und B-Atome von rechts nach links wandern können. Dieser Vorgang, zu dem Zeit erforderlich ist und der u. a. über Leerstellen des Gitters abläuft, wird als Diffusion bezeichnet und verläuft, sofern er nicht unterbrochen wird, bis zur Herstellung des thermodynamischen Gleichgewichtes.

Merke!

Unter Diffusion versteht man das Wandern von Atomen in einem Raumgitter zur Herstellung des Konzentrationsausgleiches.

Ohne auf weitere Einzelheiten einzugehen, sei hier nur vermerkt, daß u. a. bei der Diffusion die Größe des Konzentrationsunterschiedes zwischen den Gitterbereichen, der Weg, den die Atome zurücklegen müssen, die Temperatur und die Art des Werkstoffes eine Rolle spielen. Die auf Konzentrationsunterschieden beruhende Diffusion bezeichnet man als *Konzentrationsdiffusion*. Sie tritt in weit größerem Umfang auf als die *Selbstdiffusion*, die im Ausgleich unterschiedlicher Wärmebewegungen der Atome, wie sie durch örtliche und zeitliche Temperaturschwankungen in einem Raumgitter hervorgerufen werden, besteht.
Diffusionsprozesse finden bei allen Kristallisationsvorgängen, bei der Wärmebehandlung von Stählen, bei Aushärtung von Eisen- und Nichteisenmetall-Legierungen, bei der Korrosion und anderen Prozessen statt.

■ Ü. 2. 24.

2.7. Grundtypen der Zustandsdiagramme von Zweistoffsystemen

Zielstellung

Das Zustandsdiagramm eines Legierungssystems gibt die Zustände aller zu ihm gehörigen Legierungen in Abhängigkeit von der Zusammensetzung und der Temperatur an. Seine Gestalt gibt nicht nur Aufschluß über das Verhalten der Legierungen beim Erstarren bzw. beim Erhitzen, sondern gestattet es auch, Aussagen über Mengenanteile der Phasen oder Gefügebestandteile abzuleiten, aus denen wiederum Schlüsse auf die Eigenschaften einer Legierung gezogen werden können.
Auch kompliziert erscheinende Zustandsdiagramme binärer Legierungen, wie z. B. die der Eisen-Kohlenstoff-Legierungen, lassen sich auf wenige Grundtypen zurückführen, die im folgenden erläutert werden. Dabei kommt es weniger darauf an, daß Sie Zustandsdiagramme aufstellen, sondern vielmehr, daß Sie sie lesen können.

2.7.1. Zustandsdiagramm von Legierungssystemen mit vollständiger Löslichkeit der Komponenten im kristallinen Zustand

Die mittels der thermischen Analyse erhaltenen Abkühlungskurven der Legierungen binärer Systeme, deren Komponenten A und B vollständig ineinander löslich sind, wie es z. B. bei CuNi-Legierungen der Fall ist, zeigen den in Bild 2.48 für die Legierungen L_1 und L_2 dargestellten prinzipiellen Verlauf. Die reinen Komponenten erstarren bei konstanter Temperatur, alle Legierungen dagegen in einem Temperaturintervall. Die Erstarrung der Legierungen beginnt, wie aus den Abkühlungskurven ersichtlich, bei der Temperatur der oberen Knickpunkte; bei der Temperatur des unteren Knickpunktes ist sie beendet. Die Lage der Knickpunkte ist von der Zusammensetzung der Legierung abhängig.
Aus den Abkühlungskurven der reinen Komponenten A und B und ihren Legierungen lassen sich die Zustandsdiagramme entwickeln. Sie werden erhalten, wenn in Abhängigkeit von der Konzentration die Temperaturen des Beginns und Endes der Erstarrung der Legierungen aufgetragen werden. Jedem Wertepaar von Konzentration und Temperatur wird also ein Punkt im Diagramm zugeordnet. Durch Verbinden aller Punkte, in denen die Erstarrung der Komponenten und die der Legierungen beginnt bzw. beendet ist, erhält man das entsprechende Zustandsdiagramm (Bild 2.48). Voraussetzung ist hierbei jedoch, daß die Abkühlungen äußerst langsam erfolgen.

2. Grundlagen der Metalle und Legierungen

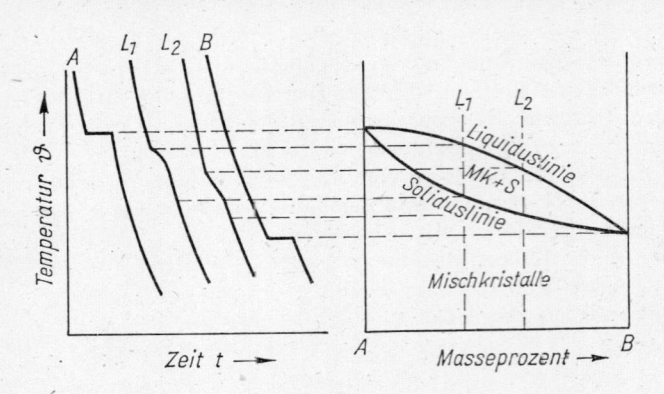

Bild 2.48. Abkühlungskurven von Legierungen eines Systems $A-B$ mit vollständiger Löslichkeit der Komponenten im kristallinen Zustand und Entstehung des Zustandsdiagramms

Die Verbindungslinie aller Punkte, die sich aus den Wertepaaren von Konzentration und Temperatur des Erstarrungsbeginns ergeben, heißt *Liquiduslinie* (liquidus = flüssig) und die der beendeten Erstarrung *Soliduslinie* (solidus = fest). Unterhalb der Soliduslinie bestehen alle Legierungen mit vollständiger Löslichkeit der Komponenten aus Austauschmischkristallen. Man sagt: Die Komponenten bilden eine *lückenlose Mischkristallreihe*.

■ Ü. 2.25

▶ *Verfolgen Sie anhand des Zustandsdiagramms, wie sich die Schmelzpunkte der reinen Komponenten durch Legieren verändern!*

Die Gefügebildung der Zweistofflegierungen mit vollständiger Löslichkeit der Komponenten im kristallinen Zustand soll anhand der Legierung 60 Masse-% A und 40 Masse-% B näher betrachtet werden (Bild 2.49).
Die Erstarrung der Legierung beginnt bei 950 °C (Punkt a) mit der Ausscheidung von Mischkristallen aus der Schmelze. Die zuerst ausgeschiedenen Mischkristalle bestehen zu 84 Masse-% aus der höher schmelzenden Komponente A und zu 16 Masse-% aus der Komponente B, wie aus dem Schnittpunkt der Temperaturgeraden durch a mit der Soliduslinie (Punkt b) hervorgeht. Bei 800 °C ist die Erstarrung beendet (Punkt c). Die Mischkristalle haben jetzt die Zusammensetzung der Ausgangsschmelze, also 60 Masse-% A und 40 Masse-% B. Während der Erstarrung ändert sich somit die Zusammensetzung der Mischkristalle entsprechend dem Verlauf der Soliduslinie zwischen b und c. Durch das Ausscheiden der A-reichen Mischkristalle zu Beginn der Erstarrung wird der Anteil der B-Komponente in der ver-

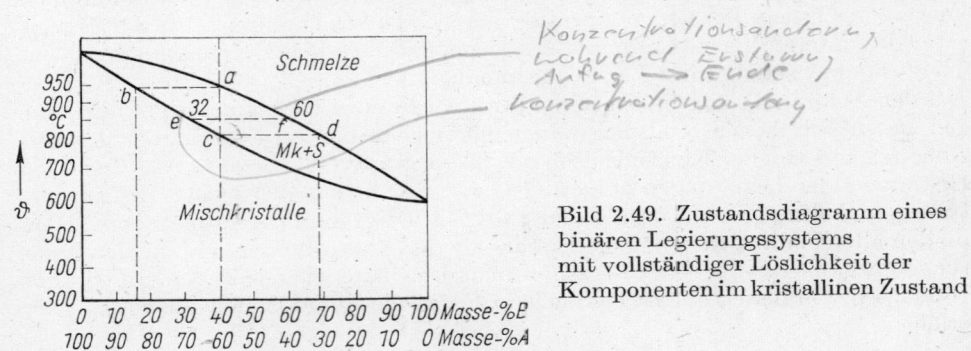

Bild 2.49. Zustandsdiagramm eines binären Legierungssystems mit vollständiger Löslichkeit der Komponenten im kristallinen Zustand

bleibenden Schmelze, der Restschmelze, höher. Unmittelbar vor der vollständigen Erstarrung der Legierung enthält die Restschmelze 68 Masse-% B und 32 Masse-% A (Schnittpunkt der Temperaturgeraden durch c mit der Liquiduslinie). <u>Die Konzentrationsänderungen der Schmelze während der Erstarrung erfolgen somit längs der Liquiduslinie zwischen den Punkten a und d.</u> Es sei nochmals vermerkt, daß der auf der Diffusion beruhende Konzentrationsausgleich zwischen Kristallen und Schmelze nur bei langsamer Abkühlung vor sich gehen kann.
Zu betrachten ist neben Bild 2.49 auch Bild 2.50!

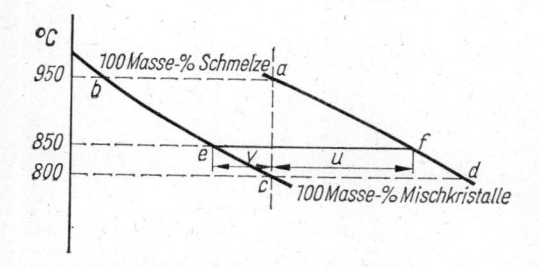

Bild 2.50. Ausschnitt aus dem Zustandsdiagramm Bild 2.49

Unmittelbar vor Beginn der Erstarrung entspricht die Gesamtmenge der vorhandenen Schmelze der Länge der Geraden $\overline{ab}$, die der nach beendeter Erstarrung vorliegenden Mischkristalle der Länge der Geraden $\overline{cd}$. Eine im Zweiphasengebiet bei beliebiger Temperatur, z. B. bei 850 °C, eingezeichnete Waagerechte $\overline{ef}$ (Konode oder Isotherme) wird durch die Konzentrationssenkrechte in die Abschnitte u und v geteilt. Die Gerade $\overline{ef}$ kann man sich als Hebel vorstellen, der nur dann im Gleichgewicht ist, wenn sich die Teilmengen der festen und flüssigen Phase im Verhältnis der Hebelarme aufteilen, wenn also gilt:

Menge der Restschmelze : Menge der Kristalle $= v : u$.
(flüssige Phase)   (feste Phase)

In Analogie zur Mechanik bezeichnet man dieses Mengengesetz als das *Gesetz der abgewandten Hebelarme*.
Die Menge M des gesuchten Anteils (Mischkristalle oder Schmelze) in Masse-% ergibt sich somit zu

$$M = \frac{\text{entgegengesetzter Hebelarm}}{\text{Gesamtlänge des Hebels}} \; 100\% \; .$$

Lehrbeispiel

Wie groß sind für eine Legierung mit 60% A und 40% B bei 850 °C die Mengen der Restschmelze und die der ausgeschiedenen Kristalle, wenn die Gesamtmenge der Legierung 1 000 g beträgt? Welche Teilmengen an A und B befinden sich in beiden Phasen?

Lösung:

Die Längen der Abschnitte der Geraden $\overline{ef}$ werden als Differenz der Prozentangaben auf der Abszisse ermittelt.

$u = 20$; (60 − 40) entgegengesetzter Hebelarm für die Menge der Mischkristalle
$v = 8$; (40 − 32) entgegengesetzter Hebelarm für die Menge der Schmelze

Gesamtlänge des Hebels: $u + v = 20 + 8 = 28$

$$M_{\text{Schm}} = \frac{8}{28} \cdot 100 \text{ Masse-}\% = 28{,}6 \text{ Masse-}\%$$

$$M_{\text{Kr}} = \frac{20}{28} \cdot 100 \text{ Masse-}\% = 71{,}4 \text{ Masse-}\%$$

1000 g der Legierung bestehen somit bei 850 °C aus 286 g Restschmelze und 714 g Mischkristallen. Durch Multiplikation der Konzentrationen mit den Teilmengen der bei 850 °C vorhandenen Phasen ergeben sich in 286 g Schmelze

$$286 \text{ g} \cdot \frac{60}{100} = 171{,}6 \text{ g } B \quad \text{und} \quad 286 \text{ g} \frac{40}{100} = 114{,}4 \text{ g } A,$$

in 714 g Mischkristallen

$$714 \text{ g} \cdot \frac{32}{100} = 228{,}4 \text{ g } B \quad \text{und} \quad 714 \text{ g} \frac{68}{100} = 485{,}6 \text{ g } A.$$

Da Zustandsdiagramme immer Gleichgewichtsschaubilder sind, führt eine Abkühlung unter technischen Bedingungen zu einer Störung des Gleichgewichts und verändert damit die behandelten Abkühlungsvorgänge. Bei beschleunigter Abkühlung, z. B. der Legierung mit der Konzentration c_1 (Bild 2.51), beginnt die Kristallausscheidung mit der Keimbildung bei der Liquidustemperatur. Die Keime haben die Konzentration c_2. Während bei langsamer Abkühlung sich die Zusammensetzung der Mischkristalle entlang der Soliduslinie bc ändert, ändert sie sich bei schneller Abkühlung entlang der dem Temperaturgefälle entsprechenden Linie bd. Das bedeutet aber, daß die Konzentrationsänderung langsamer verläuft als die Abkühlung. Bei der Temperatur ϑ_1 haben daher die ausgeschiedenen Mischkristalle nicht die Konzentration c_1, sondern c_3. Die Erstarrung geht weiter vor sich und endet infolge der Unterkühlung bei der Temperatur ϑ_2. Durch die schnellere Abkühlung kann also kein Konzentrationsausgleich stattfinden; die Mischkristalle bestehen aus verschiedenen Schichten unterschiedlicher Zusammensetzung. Man nennt sie *Zonenmischkristalle* (Bild 2.52).

Den Vorgang ihrer Bildung bezeichnet man als *Kristallseigerung*. Kristallseigerungen treten besonders in solchen Werkstücken auf, die aus Legierungen gegossen wurden, bei denen der vertikale Abstand zwischen Liquidus- und Soliduslinie groß ist (großes Erstarrungsintervall). Gefüge, in denen Kristallseigerungen vorhanden sind, zeigen unterschiedliche Eigenschaften und sind daher unerwünscht. Durch

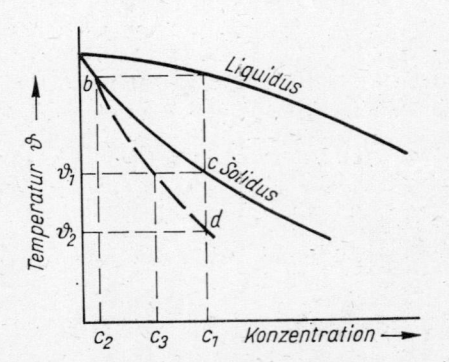

Bild 2.51. Erstarrungsverlauf bei beschleunigter Abkühlung

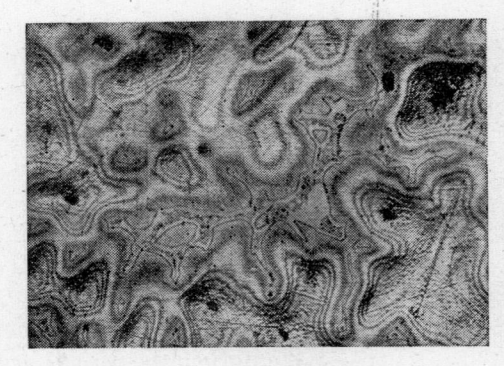

Bild 2.52. Zonenmischkristalle

Glühen bei Temperaturen nahe der Soliduslinie können sich die Konzentrationsunterschiede zwischen den Rand- und Kernzonen der Mischkristalle durch Diffusion ausgleichen.

■ Ü. 2.26

2.7.2. Zustandsdiagramm von Legierungssystemen mit vollständiger Unlöslichkeit der Komponenten im kristallinen Zustand

Sind die Komponenten im kristallinen Zustand nicht ineinander löslich, dann besteht das Gefüge der Legierungen aus einem Kristallgemisch der Komponenten A und B. Der Verlauf der Abkühlungskurven und das aus ihnen gewonnene Zustandsschaubild sind im Bild 2.53 dargestellt.

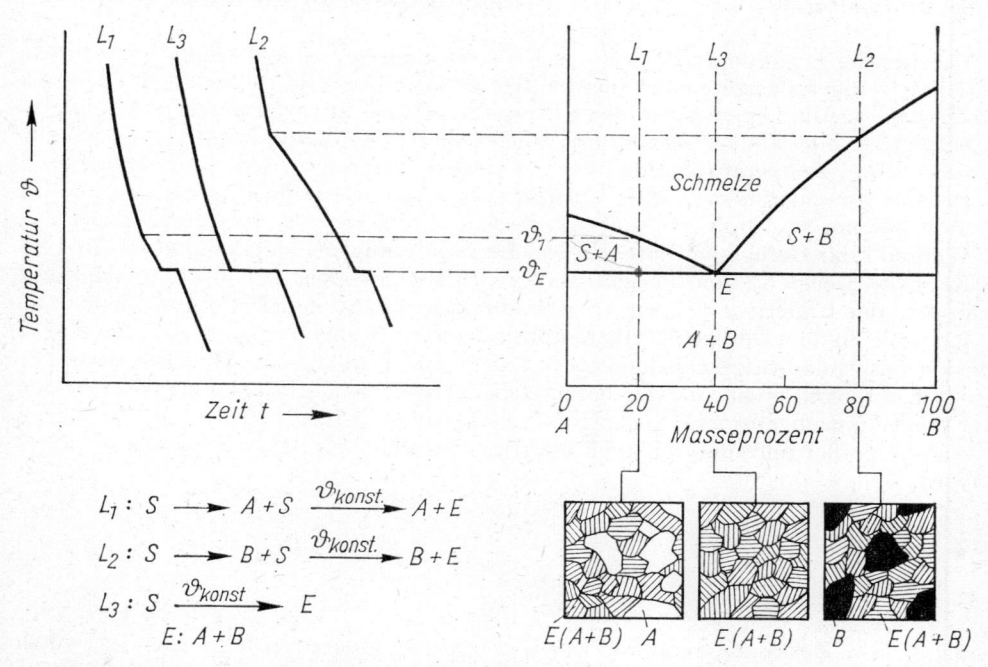

Bild 2.53. Zustandsdiagramm, Abkühlungskurven und Gefügebilder eines Systems mit vollständiger Unlöslichkeit der Komponenten im kristallinen Zustand

Die Kristallisation der Legierung L_1 beginnt bei der Temperatur ϑ_1 mit der Ausscheidung von Kristalliten der Komponente A aus der Schmelze. Bei weiterer Abkühlung werden immer mehr Kristallite A aus der Schmelze ausgeschieden, bzw. es vergrößern sich die zuerst ausgeschiedenen Kristalle. Die Schmelze, deren Zusammensetzung sich längs der Liquiduslinie ändert, wird dadurch an B reicher. Bei der Temperatur ϑ_E erreicht sie eine dem Punkt E entsprechende Zusammensetzung.
Die Kristallisation der Legierung L_2 beginnt mit der Ausscheidung von B-Kristalliten. Die Schmelze wird bei weiterer Abkühlung A-reicher und hat bei der Temperatur ϑ_E die gleiche Zusammensetzung wie die Restschmelze der Legierung L_1.
Die Zusammensetzung der Restschmelzen aller Legierungen ist unmittelbar oberhalb ϑ_E gleich.

Mit Erreichen der Temperatur ϑ_E bilden sich zahlreiche Keime beider Komponenten. Sie behindern sich in ihrem Wachstum gegenseitig, so daß während eines Haltepunktes ein Gefüge aus A- und B-Kristallen entsteht. Das feine Kristallgemisch wird als *Eutektikum* (E) bezeichnet (Eutektikum = das Wohlgeordnete, Niedrigschmelzende). Die Temperatur ϑ_E, bei der die Eutektikumsbildung vor sich geht, wird *eutektische Temperatur* genannt, und der Punkt, in dem die *eutektische Reaktion*

$$S \xrightarrow{\vartheta_{konst.}} E$$

stattfindet, heißt *eutektischer Punkt*.

Das Eutektikum ist ein Kristallgemisch von mindestens zwei Kristallarten. Es hat eine ganz bestimmte Zusammensetzung und eine ganz bestimmte Erstarrungs- bzw. Schmelztemperatur, die zugleich die niedrigste der ganzen Legierungsreihe ist.

Eutektische Legierungen werden infolge ihres niedrigen Schmelzpunktes und ihres feinen Gefüges, das gute mechanische Eigenschaften besitzt, vielfach in der Technik verwendet. Alle Legierungen, deren Konzentrationen links der eutektischen liegen, bezeichnet man als *untereutektische*, solche, die rechts davon liegen, als *übereutektische*. Die Temperaturgerade im Zustandsdiagramm, an der die eutektischen Reaktionen stattfinden, wird *Eutektikale* genannt. Sie stimmt hier mit der Soliduslinie überein.

Während das Gefüge der eutektischen Legierung nur aus Eutektikum (A- und B-Kristallen) besteht, sind in dem Gefüge der untereutektischen Legierungen, z. B. in dem der Legierung L_1, primär, d. h. direkt aus der Schmelze ausgeschiedene A-Kristalle, in dem Gefüge der übereutektischen Legierungen, z. B. in dem der Legierung L_2, primär ausgeschiedene B-Kristallite und Eutektikum enthalten. Je weiter die Konzentrationen von der eutektischen abweichen, desto größer sind die im Eutektikum eingebetteten A- bzw. B-Kristalle, da das Intervall $S + A$ oder $S + B$ ständig größer und dadurch auch die Kristallisationszeit dieser Phasen verlängert wird.

■ Ü. 2.27

2.7.3. Zustandsdiagramme von Legierungssystemen mit teilweiser Löslichkeit der Komponenten im kristallinen Zustand

Die beiden bisher behandelten Fälle der Legierungsbildung sind Grenzfälle. In den meisten Legierungen sind die Komponenten mehr oder weniger ineinander gelöst. Kristalle der reinen Komponenten sind also in ihrem Gefüge nicht vorhanden.
Die Mischkristalle werden als α-Mischkristalle bezeichnet, wenn in das Grundgitter der Komponente A Atome der Komponente B eingebaut sind. Enthält das Grundgitter der Komponente B Atome der Komponente A, dann spricht man von β-Mischkristallen. Das Zustandsdiagramm eines Systems, in dem die Komponenten im kristallinen Zustand teilweise ineinander löslich sind und in dem ein Eutektikum auftritt, zeigt Bild 2.54. Der Soliduslinie entspricht der Kurvenzug $ACDB$; die Liquiduslinie verläuft prinzipiell wie die im System mit Unlöslichkeit der Komponenten im kristallinen Zustand. Mit Beginn der Erstarrung scheiden alle Legierungen α- bzw. β-Mischkristalle aus.

Grundtypen der Zustandsdiagramme von Zweistoffsystemen 2.7.

$L_1: S \longrightarrow S+\alpha \longrightarrow \alpha \longrightarrow \alpha+\beta$

$L_2: S \longrightarrow S+\alpha \xrightarrow{\vartheta_{konst.}} \alpha+\beta$

$L_3: S \xrightarrow{\vartheta_{konst.}} \alpha+\beta$

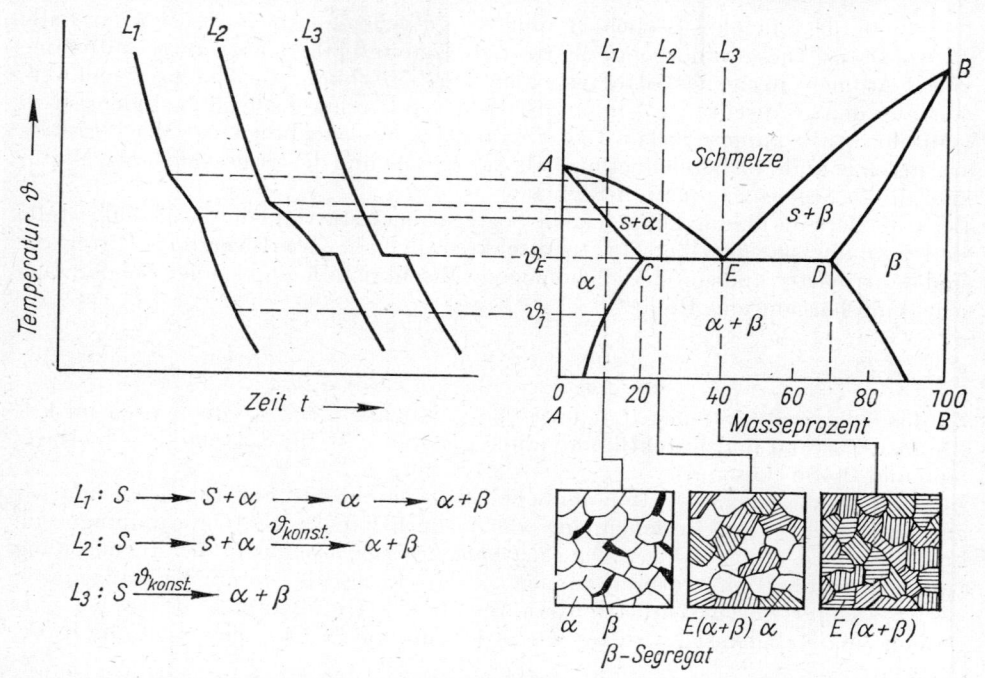

Bild 2.54. Zustandsdiagramm, Abkühlungskurven und Gefügebilder eines Systems mit teilweiser Löslichkeit der Komponenten im kristallinen Zustand und Eutektikum

Die Schmelzen aller Legierungen zwischen 20 Masse-% und 70 Masse-% B-Gehalt haben bei der eutektischen Temperatur ϑ_E die eutektische Zusammensetzung und erstarren nach der eutektischen Reaktion

$$S \xrightarrow{\vartheta_{konst.}} E.$$

Unmittelbar unter ϑ_E bestehen also

— die eutektische Legierung aus Eutektikum ($\alpha + \beta$),
— die untereutektischen Legierungen aus primär ausgeschiedenen α-Mischkristallen + Eutektikum,
— die übereutektischen Legierungen aus primär ausgeschiedenen β-Mischkristallen + Eutektikum.

In den Legierungen zwischen 0 Masse-% und 5 Masse-% B-Gehalt und zwischen 90 Masse-% und 100 Masse-% B-Gehalt sind die Komponenten vollständig ineinander gelöst; ihr Gefüge besteht nur aus α- bzw. β-Mischkristallen.
Aus dem Zustandsdiagramm ist erkennbar, daß bei der Temperatur ϑ_E die α-Mischkristalle 20 Masse-% B, die β-Mischkristalle 30 Masse-% A enthalten. Nach vollständiger Abkühlung nehmen die α-Mischkristalle nur noch 5 Masse-% B, die β-Mischkristalle nur noch 10 Masse-% A auf. Aus beiden Mischkristallarten werden somit bei Abkühlung unterhalb ϑ_E überschüssige Atome ausgeschieden. Diese Ausscheidungsvorgänge sind mit sehr geringen Wärmetönungen verbunden. Sie treten in den Abkühlungskurven als schwache Knickpunkte in Erscheinung und ergeben im Zustandsdiagramm die *Löslichkeitslinien*.

Unterhalb der fallenden Löslichkeitslinie von C scheiden also die α-Mischkristalle
B-Atome aus. Diese wandern an die Korngrenzen und bilden dort unter Aufnahme
von A-Atomen ein eigenes Gitter: es bilden sich β-Mischkristalle. Entsprechend werden aus den β-Mischkristallen unterhalb der fallenden Löslichkeitslinie von D
α-Mischkristalle ausgeschieden. Den Vorgang der Ausscheidung einer Mischkristallart aus einer anderen bezeichnet man als *Segregation* und die ausgeschiedenen Mischkristalle als *Segregate* (α- bzw. β-Segregat).
Bei schneller Abkühlung können keine Segregationen stattfinden; die Mischkristalle sind dann übersättigt. Übersättigte Mischkristalle haben stark verzerrte Gitter. Sie sind daher härter und spröder als homogene Mischkristalle und spielen bei der Ausscheidungshärtung eine Rolle.

■ Ü. 2.28

Zu den Legierungssystemen mit teilweiser Löslichkeit der Komponenten im kristallinen Zustand und Eutektikumbildung gehören z. B. die Systeme Pb-Sb (Hartblei) und Pb-Sn (Lötzinn).
Eine der eutektischen Reaktion ähnliche ist die eutektoide. Sie tritt in solchen Legierungssystemen auf, in denen eine oder beide Komponenten Umwandlungen im kristallinen Zustand erfahren. Die *eutektoide Reaktion* besteht in der Entmischung von bei höheren Temperaturen homogenen Mischkristallen in ein Kristallgemisch zweier anderer Mischkristallarten während eines Haltepunktes. Dieses so entstandene Kristallgemisch wird *Eutektoid* genannt (Bild 2.55). Die eutektoide Reaktion lautet

$$\gamma \xrightarrow{\vartheta_{\text{konst.}}} \alpha + \beta.$$

Sie tritt z. B. im System Fe-C auf.

▶ *Stellen Sie der eutektischen die eutektoide Reaktion gegenüber! Worin besteht der Unterschied?*

Eine weitere Gefügebildung, die bei entsprechenden Komponenten in Systemen mit teilweiser Löslichkeit der Komponenten im kristallinen Zustand besteht, ist dadurch gekennzeichnet, daß bereits aus der Schmelze ausgeschiedene

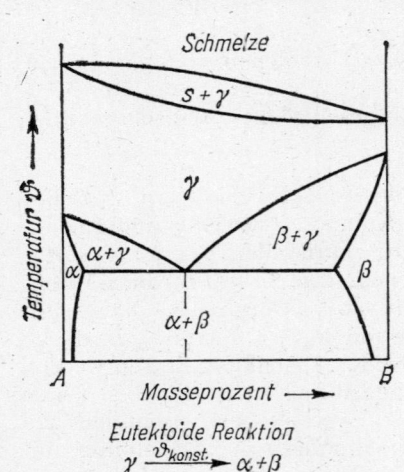

Bild 2.55. Eutektoide Gefügebildung

Eutektoide Reaktion
$$\gamma \xrightarrow{\vartheta_{\text{konst.}}} \alpha + \beta$$

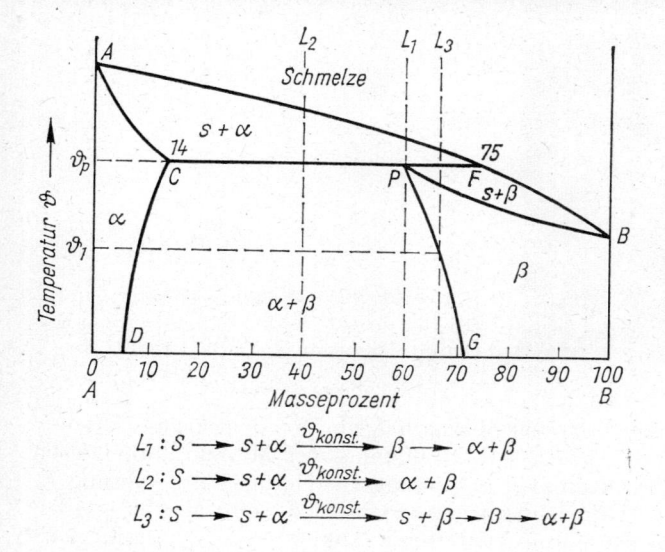

Bild 2.56. Zustandsdiagramm eines Systems mit teilweiser Löslichkeit der Komponenten im kristallinen Zustand und Peritektikum

$L_1 : S \longrightarrow s+\alpha \xrightarrow{\vartheta_{konst.}} \beta \longrightarrow \alpha+\beta$

$L_2 : S \longrightarrow s+\alpha \xrightarrow{\vartheta_{konst.}} \alpha+\beta$

$L_3 : S \longrightarrow s+\alpha \xrightarrow{\vartheta_{konst.}} s+\beta \longrightarrow \beta \longrightarrow \alpha+\beta$

Mischkristalle mit der noch vorhandenen Restschmelze eine neue Kristallart bilden, wie z. B. im System Pt — Ag. Das Zustandsdiagramm eines derartigen Legierungssystems zeigt Bild 2.56.

▶ *Welcher Kurvenzug entspricht der Liquiduslinie, welcher der Soliduslinie? Welche Linien sind Löslichkeitslinien?*

Die Gefügebildung aller Legierungen im Konzentrationsbereich 0 bis 5 Masse-% B und über 75 Masse-% B erfolgt in bekannter Weise.
Bei der Legierung L_1 haben die unmittelbar oberhalb der Temperatur ϑ_p ausgeschiedenen α-Mischkristalle die Zusammensetzung 14 B/86 A (maximale Löslichkeit der α-Mischkristalle für Atome der Komponente B). Die Restschmelze hat die Zusammensetzung 75 B/25 A. Zur Herstellung des Gleichgewichtszustandes diffundieren nun B-Atome in die α-Mischkristalle und setzen sie in β-Mischkristalle um. Der Vorgang

$$\alpha + S \xrightarrow{\vartheta_{konst.}} \beta$$

wird als *peritektische Reaktion* bezeichnet und findet nur bei langsamster Abkühlung statt. Im *peritektischen Punkt* P ist der Anteil der α-Mischkristalle gerade so groß, daß sie durch die Restschmelze während eines Haltepunktes restlos in β-Mischkristalle umgesetzt werden. Unterhalb ϑ_p werden aus den β-Mischkristallen α-Mischkristalle (α-Segregat) entsprechend dem Verlauf der Löslichkeitslinie ausgeschieden. Das Endgefüge der Legierung besteht somit aus α- und β-Mischkristallen. Bei schnellerer Abkühlung kann die peritektische Reaktion nur unvollständig verlaufen. Die B-Atome aus der Schmelze können nicht bis zum Kern der α-Mischkristalle vordringen. Es entstehen inhomogene Mischkristalle, deren α-reicher Kern von einer Schale aus β-Mischkristallen umgeben ist (Bild 2.57). Die Gefügeinhomogenitäten, die bei den technischen Abkühlungen immer vorhanden sind, haben der gesamten Gefügebildung den Namen gegeben (Peritektikum = das Herumgebaute).

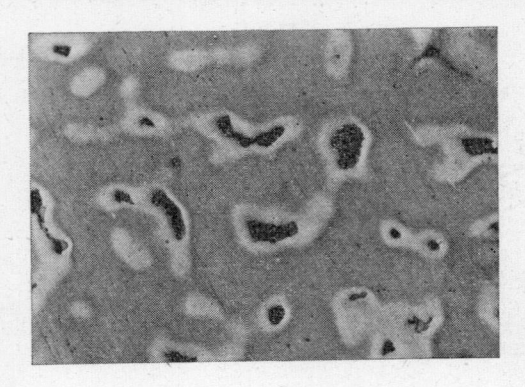

Bild 2.57. Peritektisches Gefüge;
Reste von β-Mischkristallen in einer
Grundmasse von α (CuSn 20; 100:1)

Bei der Legierung L_2 reagiert unmittelbar oberhalb ϑ_p ein Teil der ausgeschiedenen α-Mischkristalle mit der Restschmelze. Dadurch bilden sich β-Mischkristalle, deren Zusammensetzung der des Peritektikums P entspricht. Das Gefüge der Legierung L_2 besteht somit unmittelbar unterhalb ϑ_p aus primär ausgeschiedenen α-Mischkristallen und Peritektikum (β-Mischkristallen). Bei weiterer Abkühlung treten dann noch Änderungen in der Zusammensetzung der Mischkristalle entsprechend dem Verlauf der Löslichkeitslinien ein.

Bei der Legierung L_3 verbleibt nach Umsetzung mit den α-Mischkristallen und der Bildung von β-Mischkristallen ein Rest an Schmelze, aus dem β-Mischkristalle ausgeschieden werden. Bei Unterschreitung der Temperatur ϑ_1 scheidet sich α-Segregat aus den β-Mischkristallen aus, so daß auch hier das Endgefüge aus α- und β-Mischkristallen besteht.

In den Zustandsdiagrammen mit peritektischer Umsetzung wird der Teil der Soliduslinie, an dem die peritektischen Umsetzungen stattfinden, als *Peritektikale* bezeichnet.

2.7.4. Zustandsdiagramme von Legierungssystemen mit intermetallischen Phasen

Bilden die Komponenten A und B die bis zu ihrem Schmelzpunkt beständige intermetallische Phase ω der Zusammensetzung $A_m B_n$, dann hat das Zustandsdiagramm die in Bild 2.58a dargestellte Form. Wie Sie erkennen, wird es durch die intermetallische Phase ω in zwei Teilzustandsdiagramme zerlegt. Die Komponenten des linken Teilzustandsdiagramms sind A und die intermetallische Phase ω, die des rechten ω und B. Es treten zwei Eutektika E_1 und E_2 auf. E_1 besteht aus α-Mischkristallen und ω, E_2 aus β-Mischkristallen und ω. Nach den bekannten Gefügebildungen bestehen die Legierungen unterhalb der Eutektikalen im linken Teilzustandsdiagramm aus $\alpha + E_1$ bzw. $\omega + E_1$, im rechten aus $\beta + E_2$ bzw. $\omega + E_2$. Legierungen, deren Konzentrationen unterhalb der Löslichkeitslinie CD liegen, scheiden, wenn sie bei der Abkühlung die Löslichkeitslinie erreichen, die überschüssige Komponente in Form der intermetallischen Phase ab. Das Gefüge dieser Legierungen setzt sich also aus α-Mischkristallen und Kristallen der intermetallischen Phase ω zusammen. Entsprechend bestehen die Gefüge der Legierungen unterhalb der Löslichkeitslinie EF aus β-Mischkristallen und Kristallen der intermetallischen Phase.

Wenn die intermetallische Phase in ihrem Gitter in begrenztem Umfang Atome der Komponente A bzw. B lösen kann, d. h. variabel zusammengesetzt ist, so hat das Zustandsdiagramm die in Bild 2.58b dargestellte Form.

2.7. Grundtypen der Zustandsdiagramme von Zweistoffsystemen

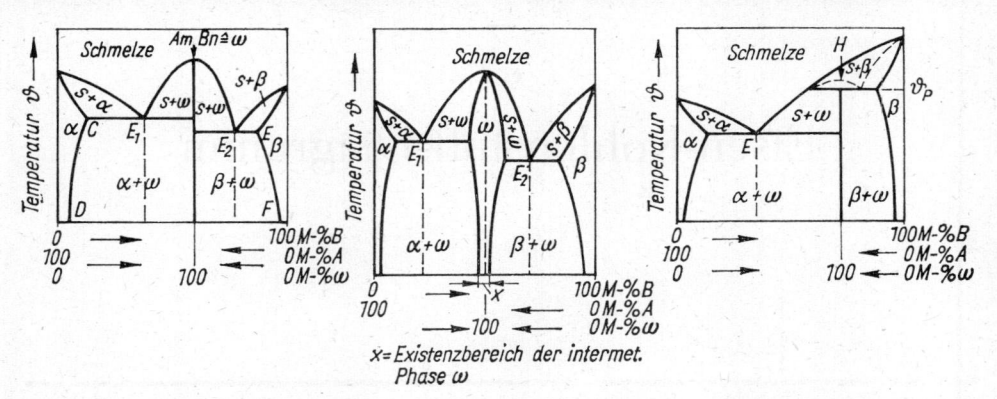

Bild 2.58. Zustandsdiagramme von Systemen mit teilweiser Löslichkeit der Komponenten im kristallinen Zustand und mit intermetallischer Phase
a) intermetallische Phase bis zum Schmelzpunkt beständig
b) intermetallische Phase mit erweitertem Existenzbereich
c) intermetallische Phase zerfällt vor Erreichen des Schmelzpunktes
M-% Masse-%

Zerfällt die intermetallische Phase vor Erreichen ihres Schmelzpunktes bei der Temperatur ϑ_p (Bild 2.58c), so sind die gestrichelt angegebenen Phasengrenzlinien nicht beständig. Der obere Teil des Zustandsschaubildes erweitert sich im Gleichgewichtsfall, d. h., die Liquiduslinie verdeckt den Schmelzpunkt H der intermetallischen Phase. Daher spricht man auch von einem *verdeckten Schmelzpunktmaximum* bzw. von einer *verdeckten intermetallischen Phase*.

■ Ü. 2.29

3

Eisen-Kohlenstoff-Diagramm

Zielstellung

Die Eigenschaften aller Eisenwerkstoffe werden wesentlich durch den Kohlenstoffgehalt und die Wärmebehandlung beeinflußt. Deshalb ist das Eisen-Kohlenstoff-Diagramm für diese Werkstoffe von grundsätzlicher Bedeutung.
In diesem Diagramm treten Typen der Zustandsdiagramme binärer Systeme auf, die Sie im vorhergehenden Abschnitt kennengelernt haben. Nach der Behandlung der Komponenten Eisen, Kohlenstoff und Eisencarbid lernen Sie alle Besonderheiten der Gefügeausbildung der Eisen-Kohlenstoff-Legierungen kennen. Durch die aus dem Diagramm ablesbaren Veränderungen, hervorgerufen durch die Änderung des Kohlenstoffgehaltes (Zusammensetzung) oder der Temperatur (Wärmebehandlung), erhalten Sie Auskunft über die Möglichkeiten des Einsatzes und der Verarbeitung dieser Legierungen. Dabei müssen Sie jedoch beachten, daß durch die Technologie nicht immer die zur Einstellung des Gleichgewichtszustandes erforderlichen Abkühlungs- und Erwärmungsgeschwindigkeiten eingehalten werden können. Außerdem müssen die Aussagen, die das Eisen-Kohlenstoff-Diagramm gibt, korrigiert bzw. abgewandelt werden, da in Eisenwerkstoffen stets Begleit- oder Legierungselemente vorhanden sind. Trotz dieser Einschränkung bildet das Eisen-Kohlenstoff-Diagramm die wichtigste Grundlage für die Beurteilung und Behandlung unlegierter Stähle. Für das Studium der Wärmebehandlung und der Stahlgruppen ist das Beherrschen dieses Diagramms eine entscheidende Voraussetzung.

3.1.   Komponenten Eisen, Kohlenstoff und Eisencarbid

Reines Eisen ist sehr weich. Die *Vickers*härte beträgt etwa 60 HV, seine Zugfestigkeit etwa 200 MPa. Es wird durch Elektrolyse von Eisensalzen (Elektrolyteisen) oder durch thermische Zersetzung von Eisenpentacarbonyl $Fe(CO)_5$ (Carbonyleisen) gewonnen und wegen seiner hohen Permeabilität und niedrigen Koerzitivfeldstärke in der Elektrotechnik eingesetzt.
Technisches Eisen enthält durch seine Gewinnung bedingt immer Kohlenstoff, der seine Eigenschaften erheblich beeinflußt, und eine Reihe von Begleitelementen (z. B. Si, Mn, P und S).
Eisen ist ein allotropes Metall (s. Abschn. 2.4.4.). Seine Modifikationen im kristallinen Zustand werden als α-Fe, γ-Fe und δ-Fe bezeichnet (Bilder 3.1 und 3.2). In den letzten Jahren ist eine hexagonale Modifikation, das ε-Fe, entdeckt worden, die aber nur bei hohen Drücken oberhalb 13 000 MPa oder in hochlegierten Mangan- und Nickelstählen beobachtet werden kann (Hochdruckmodifikation). Die Modi-

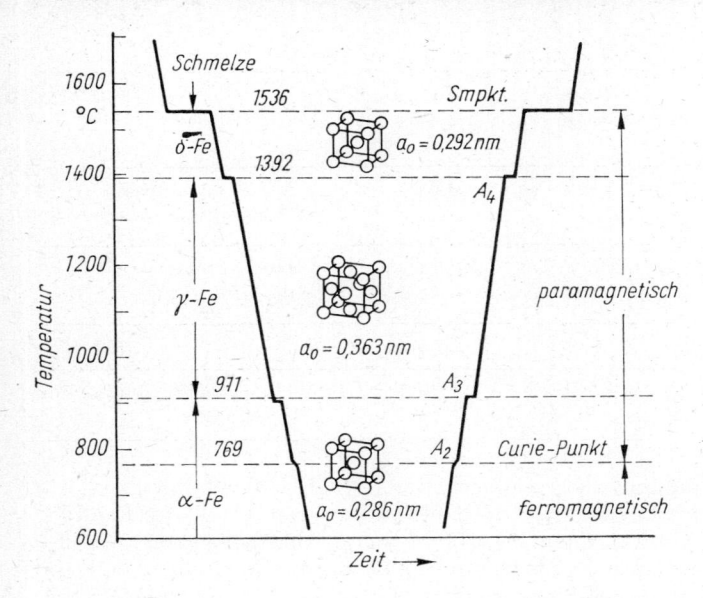

Bild 3.1. Erstarrungs- und Schmelzkurve des reinen Eisens

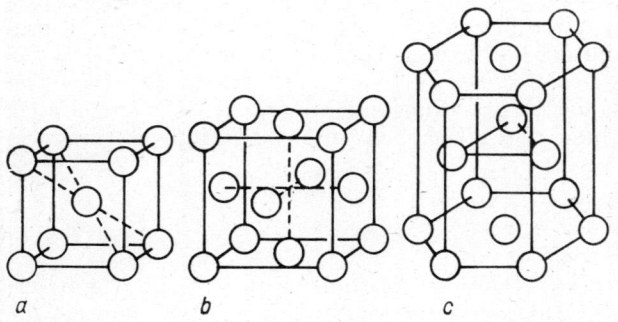

Bild 3.2. Eisenmodifikationen
a) krz *b)* kfz *c)* hexd

fikationen unterscheiden sich, wie aus Tabelle 3.1 ersichtlich, u. a. durch Struktur, Gitterkonstante, Packungsdichte und die Löslichkeit für andere Elemente (Mischkristallbildung). Die früher noch vorhandene Bezeichnung β-Fe für das paramagnetische α-Fe oberhalb 769 °C, der *Curie*temperatur, ist aufgegeben worden, nachdem man erkannt hat, daß das Auftreten des Ferro- und Paramagnetismus nicht an eine Änderung der Gitterstruktur gebunden ist, sondern auf eine Veränderung der Verteilung der magnetischen Momente der Elektronen (Bahn- bzw. Spinmomente) durch ein äußeres Magnetfeld zurückgeführt werden muß. Die Ausrichtung der Spinmomente bei ferromagnetischen Stoffen verschwindet oberhalb der *Curie*temperatur. Den sprunghaften Übergang vom ferromagnetischen zum paramagnetischen Zustand bei 769 °C entdeckte 1898 *Pierre Curie*.

Den Zusammenhang zwischen dem Auftreten der Modifikationen in Abhängigkeit von der Temperatur und ihre Eigenschaften zeigt schematisch die Erstarrungs- und Schmelzkurve des reinen Eisens (Bild 3.1). Aufgrund eines Vorschlages von *Osmond* werden die Umwandlungspunkte zu Ehren des russischen Metallurgen *Tschernow*, welcher 1868 dieses Phänomen bei Stahl entdeckte, mit dem Buchstaben A bezeichnet. Ein Zifferindex (1 bis 4) weist auf die Temperaturen hin, wobei der Punkt A_1 bei 723 °C den Eisen-Kohlenstoff-Legierungen vorbehalten bleibt und bei reinem Eisen nicht auftritt.

3. Eisen-Kohlenstoff-Diagramm

Tabelle 3.1. Eisen-Modifikationen

	Gitterkonstante in nm	Temperatur in °C	Raumgitter	Packungsdichte	
α-Fe	0,286	20	krz	0,68	Modifikation bei Normalbedingungen
	0,289	911			
γ-Fe	0,363	911	kfz	0,74	Hochtemperaturmodifikation
	0,368	1392			
δ-Fe	0,292	1392	krz	0,68	
ε-Fe	–	–	hexd	$> 0,74$	Hochdruckmodifikation > 13 GPa

Mit A_2 wird die *Curie*temperatur bezeichnet. Bei der A_3-Umwandlung (α-Fe $\rightleftarrows$ γ-Fe) besteht ein Unterschied in der Lage der Umwandlungspunkte. Beim Erhitzen (α-Fe $\rightarrow$ γ-Fe) findet die Umwandlung bei 911 °C, beim Abkühlen (γ-Fe $\rightarrow$ α-Fe) erst bei 900 °C statt. Diese Tatsache, als thermische Hysterese bezeichnet, und der Umstand, daß durch Abkühlungsgeschwindigkeit (Unterkühlung) und Legierungselemente die Umwandlungen weiter beeinflußt werden können, machen es notwendig, die Umwandlungspunkte beim Erhitzen A_c (c — calescere — erhitzen) von denen beim Abkühlen A_r (r — recalescere — abkühlen) zu unterscheiden. Damit ist eine eindeutige Kennzeichnung der Umwandlungspunkte gegeben, die später auch bei der Definition von Verfahren der Wärmebehandlung (TGL 21862) benutzt wird.

■ Ü. 3.1

Der auf Bild 3.1 dargestellte Sachverhalt ist dilatometrisch (Abschn. 2.4.4.) ermittelt worden. Bild 3.3 zeigt die Dilatometerkurve von reinem Eisen, auf der die entsprechenden Umwandlungspunkte in Abhängigkeit von der Temperatur erkenn-

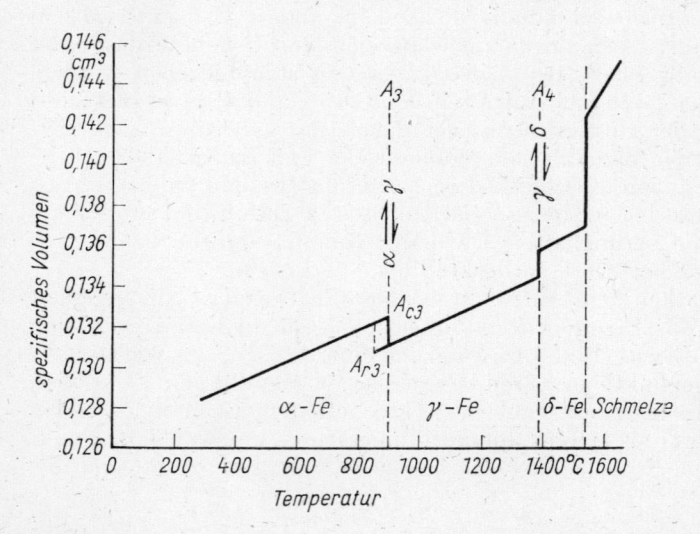

Bild 3.3. Ausdehnungskurve des reinen Eisens beim Erwärmen

bar sind. Zum Verständnis der Umwandlung ist davon auszugehen, daß nicht eine Elementarzelle in die andere übergeht, sondern im Gitter Millionen Elementarzellen im Zusammenhang stehen. Bild 3.4 läßt erkennen, daß gewissermaßen im kfz Gitter die krz Elementarzelle des α-Fe durch einen Orientierungszusammenhang vorherbestimmt ist und bei der Umwandlung nur die Tetragonalität des Gitters ausgeglichen werden muß, damit das krz Gitter entstehen kann.

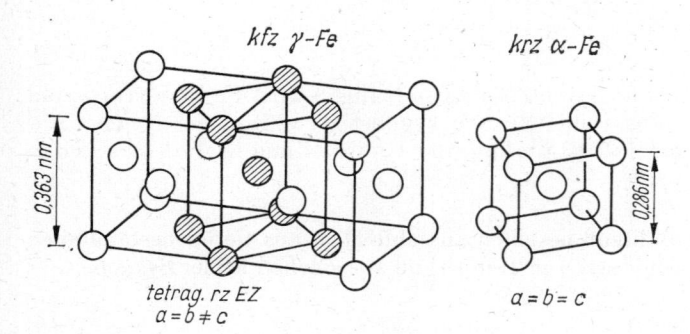

Bild 3.4. Umwandlungsmechanismus kfz — krz

Kohlenstoff, dessen Schmelzpunkt über 3500 °C liegt, tritt entweder als Graphit oder in Verbindung mit Eisen als Eisencarbid (Fe_3C) auf. *Graphit* besitzt ein einfaches hexagonales Schichtgitter (Bild 3.5a). Während sich in den Basisebenen drei Valenzelektronen jedes Kohlenstoffatoms an der Bindung beteiligen, vermittelt lediglich ein Valenzelektron je C-Atom die Bindung zur nächsten Schicht. Die Basisebenen können leicht gegeneinander verschoben werden, da die Bindungen unstabiler sind als innerhalb der Ebenen. Dieses Verhalten des Graphits läßt sich sehr gut beim Schreiben mit Bleistift (Graphitmine) beobachten. Bei einer Beanspruchung des Graphits durch äußere Kräfte gleiten die Schichten also sehr leicht gegeneinander ab und setzen der Beanspruchung kaum Widerstand entgegen.

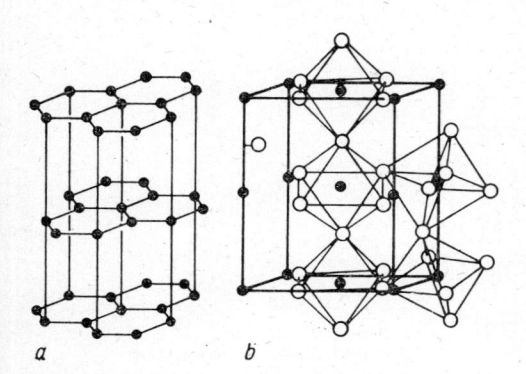

Bild 3.5. *a)* Gitter des Graphits
b) Gitter des Eisencarbids

Eisencarbid (Fe_3C) besitzt — ähnlich wie intermetallische Phasen — einen komplizierten Gitteraufbau (Bild 3.5b) und ist sehr hart (800 HV). Durch Zufuhr von Energie kann es zerlegt werden (thermische Dissoziation):

$$Fe_3C \xrightarrow{\text{Wärme}} 3\,Fe + C.$$

Daher bezeichnet man diese Verbindung als *metastabil*. Die Zersetzung des Carbids ist auch der Grund dafür, daß sein Schmelzpunkt verhältnismäßig schwer bestimmbar ist. Er liegt bei etwa 1350 °C. Eisencarbid kann in den unterschiedlichsten Anordnungen und in verschiedenen Mengenanteilen in den Eisen-Kohlenstoff-Legierungen auftreten. Sein Anteil und die Verteilung bestimmen wesentlich die Eigenschaften der Legierungen.

Sowohl Eisencarbid als auch Graphit bilden mit dem Eisen ein selbständiges Zustandsdiagramm:

Fe — Fe_3C: metastabiles System   Eisen-Kohlenstoff-Diagramm
Fe — C: stabiles System

Durch schnellere Abkühlung und durch Zusatz von Mangan wird die Erstarrung und Umwandlung nach dem metastabilen System begünstigt, während langsame Abkühlung und Siliciumzusatz die Erstarrung und Umwandlung nach dem stabilen System fördern.

Die Werkstoffe Stahl und Stahlguß bestehen ausschließlich aus Gefügebestandteilen des metastabilen Systems, Gußeisen und Temperguß aus solchen beider Systeme.

▸ *Überlegen Sie, warum ein Werkstoff, der nur aus reinem Eisen und Graphit besteht, technisch unbrauchbar ist!*

3.2.   Metastabiles System Fe — Fe_3C

Das Eisen-Kohlenstoff-Diagramm wird durch die Komponenten Fe und Fe_3C gebildet (Bild 3.6). Da in der Analyse der Eisenwerkstoffe stets der Kohlenstoffgehalt angegeben wird, ist auf der Abszisse auch der Kohlenstoffgehalt in Prozent aufgetragen.

▪ Ü. 3.2

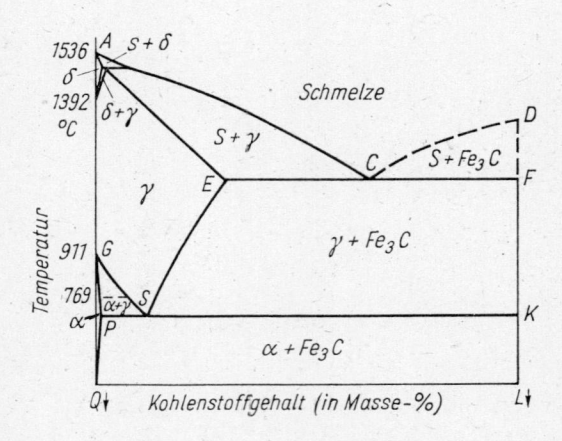

Bild 3.6. Eisen-Kohlenstoff-Diagramm; Zustandsfelder mit Phasenbezeichnungen

Beim Betrachten des Diagramms sind an der Ordinate zunächst die Existenzbereiche der Eisenmodifikationen zu erkennen. Eisen bildet mit dem Kohlenstoff Einlagerungsmischkristalle. Hierbei zeigen die verschiedenen Modifikationen ganz unterschiedliches Verhalten (Tabelle 3.2).

Die Umwandlungstemperaturen (A_3 und A_4) werden durch das Legieren mit Kohlenstoff gesenkt (A_3 auf 723 °C bei 0,8% C) bzw. erhöht (A_4 auf 1493 °C bei

Tabelle 3.2. Lösungsvermögen der Eisen-Mischkristalle für Kohlenstoff

	C-Gehalt in Masse-%	Temperatur in °C	Punkt des EKD
α-Mk	10^{-4}	20	
	0,02	723	P
γ-Mk	0,8	723	S
	2,06	1147	E
δ-Mk	0	1392	N
	0,1	1493	H (s. Bild 3.28)

0,16% C). Die Punkte bzw. Linien des Diagramms werden mit international gültigen Buchstaben bezeichnet. Dadurch ist die eindeutige Kennzeichnung einer Temperaturangabe, einer Umwandlung oder einer Wärmebehandlung möglich.

▶ *Im folgenden wird mit diesen Kurzangaben gearbeitet. Prägen Sie sich daher die wichtigsten Punkte gut ein!*

Im Eisen-Kohlenstoff-Diagramm sind bereits bekannte Grundtypen binärer Systeme vereinigt. Die Kenntnis der Grundtypen ist für das Verständnis der komplizierten Umwandlungsvorgänge wichtig. Betrachten Sie dazu Bild 3.7!

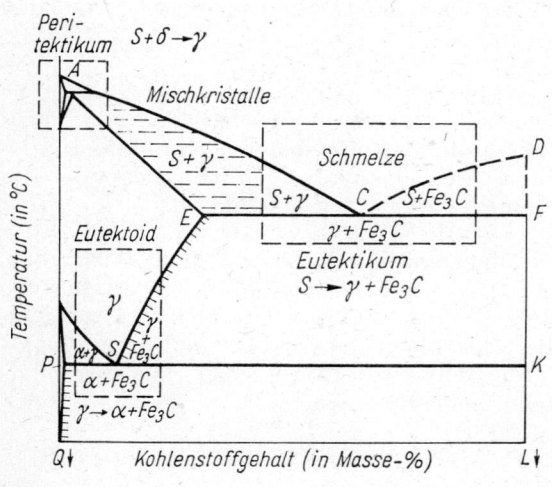

Bild 3.7. Eisen-Kohlenstoff-Diagramm; Schema der Grundtypen binärer Systeme

1. Am Punkt C existiert ein Eutektikum:

   $S \rightarrow \gamma$-Mk + Fe$_3$C.

   Nach der Primärausscheidung von γ-Mischkristallen (2,06 bis 4,3% C) oder Fe$_3$C (4,3 bis 6,67% C) erstarrt die Schmelze an der Eutektikalen ECF und bildet ein Kristallgemisch.

2. Am Punkt S ist ein Eutektoid vorhanden:

   γ-Mk $\rightarrow \alpha$-Mk + Fe$_3$C.

Aus den γ-Mischkristallen scheiden sich sekundär α-Mk (0,02 bis 0,8% C) oder Fe$_3$C (> 0,8% C) aus. An der Linie *PSK* zerfällt der γ-Mk und bildet ein Kristallgemisch.

3. Von 0,16 bis 4,3% C scheiden sich aus der Schmelze γ-Mk aus, die bei weiterer Abkühlung ihre Zusammensetzung verändern und dann bei < 723 °C zerfallen.

4. In der linken oberen Ecke tritt ein Peritektikum auf:

   $S + δ$-Mk → γ-Mk

   Da die Umsetzung bei Temperaturen oberhalb 1400 °C verläuft und keine wesentliche Beeinflussung des Gefüges mit sich bringt, wird bei den folgenden Betrachtungen diese Einzelheit des Diagramms vernachlässigt.

5. Die Löslichkeit des Kohlenstoffs in den Mischkristallen ist temperaturabhängig und sinkt mit fallender Temperatur. Sie verändert sich
   bei den γ-Mk von 2,06% C bei 1147 °C auf 0,8% bei 723 °C
   (Linie *ES*, die auch als A_{cm}-Linie bezeichnet wird),
   bei den α-Mk von 0,02% C bei 723 °C auf 10^{-4}% C bei 20 °C
   (Linie *PQ*).

Bei diesem orientierenden Überblick ist zu beachten, daß als Phasenbezeichnungen für Eisen α-, γ-, δ-Mk und für Eisencarbid Fe$_3$C benutzt wurden.

■ Ü. 3.3

In Abhängigkeit von der Temperatur können im Eisen-Kohlenstoff-Diagramm drei Gebiete unterschieden werden:

Das *Primärgebiet I* wird begrenzt durch Liquidus- und Soliduslinie. Hier findet die Erstarrung der Schmelze statt. Es scheiden sich primär γ-Mischkristalle sowie Fe$_3$C aus. Die Kristallisation der δ-Mischkristalle und ihre spätere Umwandlung in γ-Mischkristalle unterhalb 0,5% C sollten vernachlässigt werden. Das Gebiet der Primärausscheidung wird abgeschlossen durch die eutektische Reaktion.

Das *Sekundärgebiet II* liegt zwischen Soliduslinie und der Linie *GPSK*. Der wesentliche Vorgang ist hier die Verringerung der Löslichkeit der γ-Mischkristalle (von 2,06 auf 0,8% C) und die Sekundärausscheidung von Fe$_3$C. Unterhalb 0,8% C wandeln sich die γ-Mischkristalle in α-Mischkristalle um (A_{r3}), wobei die Umwandlungstemperatur entlang der Linie *GOS* von 911 °C auf 723 °C sinkt. Das Sekundärgebiet wird abgeschlossen durch die eutektoide Reaktion.

Als *Tertiärgebiet III* bezeichnet man den Bereich unterhalb der Linie *GPSK*. Hier verringert sich die Löslichkeit der α-Mischkristalle (von 0,02 auf 10^{-4}% C) mit sinkender Temperatur. Es tritt die Tertiärausscheidung von Fe$_3$C auf, deren unerwünschte Wirkung aber nur bei Werkstoffen mit sehr geringen Kohlenstoffgehalten bemerkbar wird.

Das Eisen-Kohlenstoff-Diagramm zeigt in Abhängigkeit von Temperatur und Kohlenstoffgehalt die Zustandsfelder der Phasen und Phasengemische. Die Punkte und Linien werden international üblich mit großen Buchstaben bezeichnet. In Abhängigkeit von der Temperatur werden Umwandlungsvorgänge im Primär-, Sekundär- und Tertiärgebiet unterschieden.

3.2.1. Grundgefüge des Eisen-Kohlenstoff-Diagramms

Das Gefügebild des reinen Eisens, wie es mittels metallografischer Untersuchungsverfahren gewonnen wird, zeigt bei Raumtemperatur gleichmäßig ausgebildete Kristallite, deren Korngröße durch die Vorbehandlung des Werkstoffes (Walzen, Schmieden) bestimmt wird. Dieses Gefüge entspricht dem α-Mischkristall des Eisens und wird *Ferrit* genannt (von ferrum, lateinischer Name des Eisens) (Bild 3.8). Die *Vickers*härte beträgt nur etwa 80 HV. Da der Ferrit außer dem Kohlenstoff noch andere Elemente lösen kann, schwankt die Angabe der Härte zwischen 60 bis 100 HV. Oftmals findet man im Ferrit kleine punktförmige Einschlüsse von Eisenoxid FeO (Wüstit).

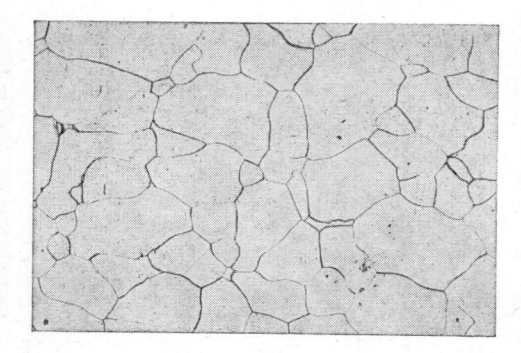

Bild 3.8. Ferrit (100 : 1)

Die andere Phase des Eisens, der γ-Mischkristall, ist nur bei Temperaturen oberhalb der Linie *GOSE* beständig. Durch Zusetzen bestimmter Legierungselemente (Mangan, Nickel oder Chrom und Nickel) kann man jedoch den kfz-Mischkristall bis zur Raumtemperatur stabilisieren. Das aus γ-Mischkristallen bestehende Gefüge bezeichnet man als *Austenit* (nach dem englischen Metallkundler Sir *W. C. Roberts-Austen*). Man erkennt (Bild 3.9) ähnlich wie beim Ferrit große Kristallite, die sich aber durch Zwillingsstreifen von ihm unterscheiden. Das Auftreten solcher Zwillingsbildungen im Gefügebild ist ein äußeres Kennzeichen für die meisten kfz Metalle und Legierungen.

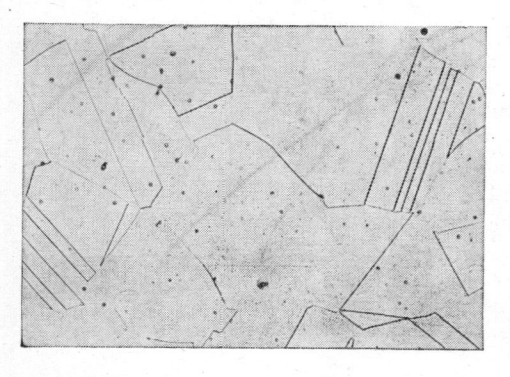

Bild 3.9. Austenit, elektrolytisch geätzt (200 : 1)

Austenit kann im Gegensatz zum Ferrit viel mehr Kohlenstoff lösen (Lösungsvermögen etwa 100 : 1). Die Bestimmung der Härte wird damit unsicherer, da außerdem noch andere Elemente (vor allem Mangan und Nickel) gelöst sein können. Es wird eine *Vickers*härte von 170 bis 200 HV angegeben. Austenit ist unmagnetisch, er

ist sehr zäh und ergibt bei Zugversuchen an austenitischen Stählen (kfz — viele Gleitsysteme) eine hohe Gleichmaßdehnung.
Als *Zementit* bezeichnet man das Eisencarbid (Fe_3C). Obwohl er in unterschiedlichen Formen vorliegt, ist er in allen Fällen chemisch identisch und enthält immer 6,67% C. Aufgrund seines komplizierten Gitteraufbaues (er besitzt eine orthorhombische Elementarzelle mit 16 Atomen, Bild 3.5b) hat er eine hohe Härte von etwa 800 HV und ist demnach der härteste Gefügebestandteil der Eisen-Kohlenstoff-Legierungen. Er kann geringe Mengen von Legierungselementen lösen und tritt oft als Mischcarbid etwa in der Form $(Fe, Mn)_3C$ oder $(Fe, Cr)_3C$ auf.
Je nach dem Kohlenstoffgehalt der Legierungen und dem Temperaturbereich kann der Zementit als Primär-, Sekundär- oder Tertiärzemenit auftreten.
Primärzementit scheidet sich im Primärgebiet bei Legierungen mit mehr als 4,3% C aus der Schmelze plattenförmig aus (Bild 3.10). Da das Primärgebiet durch die eutektische Erstarrung abgeschlossen wird, beobachtet man ihn immer in einer eutektischen Grundmasse (Ledeburit, s. unten).

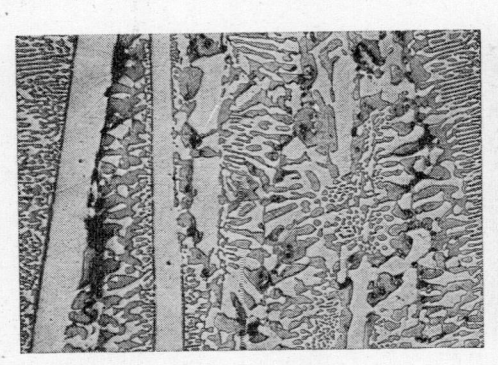

Bild 3.10. Primärzementit und Ledeburit (100 : 1)

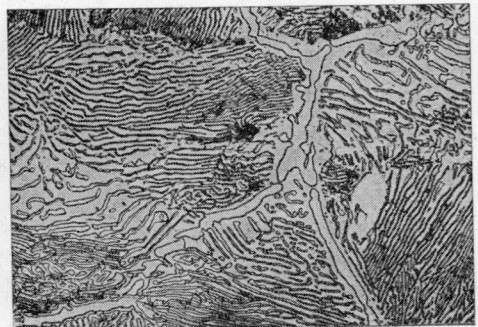

Bild 3.11. Sekundärzementit und Perlit (500 : 1)

Im Sekundärgebiet nimmt die Löslichkeit des Austenits für Kohlenstoff von 2,06 auf 0,8% C ab. Daher scheidet sich bei der Abkühlung Zementit aus dem Austenit aus, *Sekundärzementit* (Bild 3.11). Am eindeutigsten läßt er sich bei Legierungen zwischen 0,8 und 2,06% C beobachten. Da das Sekundärgebiet durch die eutektoide Reaktion abschließt, findet man ihn immer in einer eutektoiden Grundmasse (Perlit, s. unten). Die abnehmende Löslichkeit des Ferrits für Kohlenstoff im Tertiärgebiet ist die Ursache für das Auftreten des *Tertiärzementits*. Er ist immer neben dem Grundbestandteil Ferrit zu erkennen (Bild 3.12).
Das Eutektikum (Punkt C 4,3% C, 1147 °C) wird nach dem Eisenhüttenmann *Adolf Ledebur Ledeburit* genannt. Es besteht aus Austenit und Zementit (zweiphasiges Kristallgemisch Ledeburit I). Bei Abkühlung unter 723 °C zerfällt der Austenit in Ferrit und Zementit. Das Kristallgemisch besteht unter 723 °C aus Ferrit und Zementit (Ledeburit II). Wegen unterschiedlicher Abkühlungsverhältnisse kann das Kristallgemisch entweder feinkörnig oder grobkörnig ausgebildet sein (Bild 3.13).
Die Eigenschaften des Ledeburits ergeben sich aus der hohen Härte des Zementits, der mit dem feinkörnig zerfallenen Austenit gemischt ist. Es wird eine Härte von 600 bis 700 HV angegeben und betont, daß dieser Gefügebestandteil sehr verschleißfest ist (Hartguß).

Bild 3.12. Tertiärzementit und Ferrit (500 : 1)

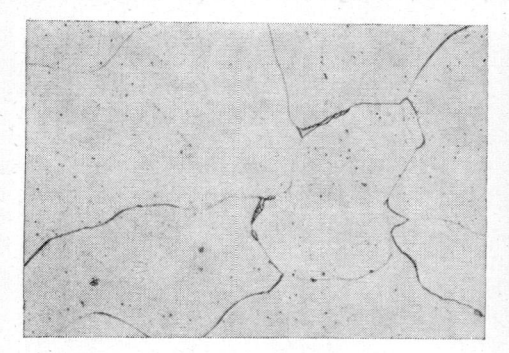

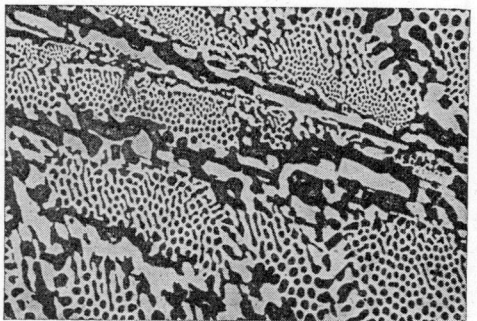

Bild 3.13. Ledeburit (100 : 1)

Am Punkt S (0,8% C, 723 °C) zerfällt der Austenit eutektoid in Ferrit und Zementit. Bei diesem Zerfall im festen Zustand sind die möglichen Diffusionswege für beide Komponenten sehr klein. Das sich bildende Gefüge ist im Gegensatz zum Ledeburit feinkörniger.

Schliffe mit etwa 0,8% C zeigen im geätzten Zustand bei schräger Beleuchtung einen perlmuttartigen Glanz. Deshalb wird das Gefüge als *Perlit* bezeichnet. Kennzeichnend ist die streifige Ausbildungsform des Zementits in einer Grundmasse aus Ferrit (Bild 3.14).

Durch unterschiedliche Abkühlungsgeschwindigkeiten kann grob- oder feinstreifiger Zementit entstehen. Die mechanischen Eigenschaften sind abhängig von der

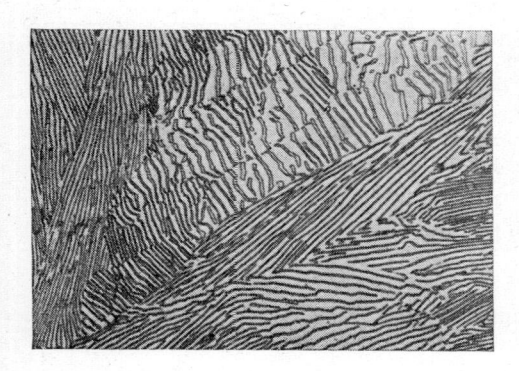

Bild 3.14. Perlit (500 : 1)

Tabelle 3.3. Gefüge des Eisen-Kohlenstoff-Diagramms

Name	Definition	Schematisches Aussehen
Ferrit	Ferrit ist der α-Mischkristall des Eisens. Er besitzt eine kubisch-raumzentrierte Struktur. Seine maximale Löslichkeit für Kohlenstoff beträgt bei 723 °C 0,02% (Punkt P). Außerdem können noch andere Elemente (Mn, Si, Cr) gelöst werden.	

Fortsetzung Tabelle 3.3.

Name	Definition	Schematisches Aussehen
Austenit	Austenit ist der γ-Mischkristall des Eisens. Er besitzt bei kubisch-flächenzentrierter Struktur eine maximale Löslichkeit für Kohlenstoff von 2,06% bei 1147 °C (Punkt E). Außerdem besteht Lösungsvermögen für viele Elemente (vor allem Mangan und Nickel). Wenn die entsprechenden Legierungselemente vorhanden sind (austenitische Stähle), ist das Gefüge bei Raumtemperatur beobachtbar.	
Zementit	Zementit ist Eisencarbid mit 6,67% C. Er kann sich in verschiedenen Formen primär, sekundär, tertiär, eutektisch, eutektoid) ausscheiden.	
Primärzementit	Primärzementit ist der im Schliffbild balken- oder nadelförmig erscheinende Gefügebestandteil bei übereutektischen Eisen-Kohlenstoff-Legierungen. Er scheidet sich aus der Schmelze entlang C-D in plattenförmigen Kristallen aus.	
Sekundärzementit	Sekundärzementit ist der im Schliffbild als Korngrenzenzementit oder bei höheren Kohlenstoffgehalten nadelförmig erscheinende Gefügebestandteil bei übereutektoiden Eisen-Kohlenstoff-Legierungen. Er scheidet sich aus den γ-Mischkristallen aufgrund abnehmender Löslichkeit (Linie E-S) aus.	
Tertiärzementit	Tertiärzementit scheidet sich aus den α-Mischkristallen aufgrund abnehmender Löslichkeit (Linie P-Q) in Form von Bändern oder Schnüren an den Korngrenzen oder in den Kornzwickeln aus.	
Ledeburit	Ledeburit I ist das Eutektikum über 723 °C. Es besteht aus Austenit und Zementit. Ledeburit II entsteht aus Ledeburit I durch Zerfall des Austenits bei Abkühlung unter 723 °C. Er besteht aus Ferrit und Zementit.	

Fortsetzung Tabelle 3.3.

Name	Definition	Schematisches Aussehen
Perlit	Perlit ist ein streifiges Gefüge aus Ferrit und Zementit. Er entsteht als Zerfallsprodukt des Austenits unter Gleichgewichtsbedingungen (Eutektoid) beim Unterschreiten der *P-S-K*-Linie. Durch Glühen kann der streifige Zementit in globulare (kugelige) Form überführt werden (globularer Zementit). Die Bezeichnungen globularer Perlit, körniger Perlit, eingeformter Perlit sind falsch.	

Diese Definitionen wurden vom FA »Metallografie und Plastografie« der Montanwissenschaftlichen Gesellschaft in der KDT erarbeitet und werden seit 1966 angewendet.

Streifenbreite und der Verteilung des Zementits. Bei langsamer Abkühlung liegt die Härte des Perlits zwischen 300 und 400 HV.
Die Bezeichnung, die Eigenschaften und das Erscheinungsbild dieser Grundgefüge sind in Tabelle 3.3 noch einmal zusammengestellt.

■ Ü. 3.4.

3.2.2. Gefügerechteck (Gefügediagramm)

Um in das *EKD* die Gefügebezeichnungen einzutragen, ist das Diagramm zweckmäßig durch drei senkrechte gestrichelte Linien bei 0,8%, 2,06% und 4,3% C in weitere Felder aufzuteilen. Diese Darstellung (Bild 3.15) treffen Sie noch oftmals in der Literatur an. Die Ausbildung der Gefüge, wie sie im Abschnitt 3.2.1. besprochen

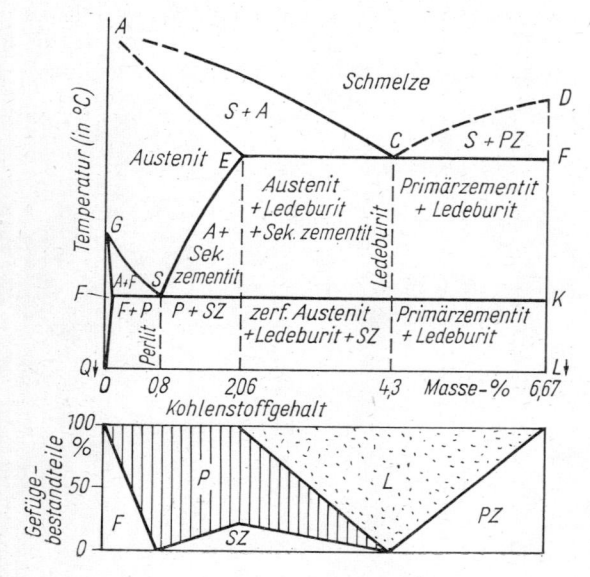

Bild 3.15. Eisen-Kohlenstoff-Diagramm und Gefügerechteck; Zustandsfelder mit Gefügebezeichnungen

wurde, entspricht der Idealform des Gleichgewichtsfalles bei sehr geringen Abkühlungsgeschwindigkeiten. Bei technischen Abkühlungsbedingungen werden die Form und Ausbildung der Gefügebestandteile stark beeinflußt. Daher sind in der Praxis diese Veränderungen stets zu berücksichtigen.

Die Art des auftretenden Gefüges ist aus Bild 3.15 abzulesen. Die Mengenanteile lassen sich zweckmäßig aus dem für Raumtemperatur aufgestellten Gefügerechteck entnehmen. Für diese Darstellung gelten folgende Überlegungen:

Eine Legierung mit
0 % C   100 % Ferrit
0,8 % C   weist als Gefüge   100 % Perlit
4,3 % C   100 % Ledeburit
6,67 % C   100 % Zementit auf.

Bei der Legierung mit 2,06 % C läßt sich die Menge des sich entlang der Linie *ES* ausscheidenden Sekundärzementits mit Hilfe des Gesetzes der abgewandten Hebelarme zu etwa 20 % ermitteln.

Aus dem Gefügerechteck lassen sich unmittelbar die Mengenanteile der im Gleichgewichtsfall auftretenden Gefüge ablesen. Bei Fe-Fe$_3$C-Legierungen unter 0,8 % können folgende Mengenanteile als Idealwerte abgelesen werden:

Ein Stahl mit
0 % C   100 Ferrit
0,2 % C   75 Ferrit/25 Perlit
0,4 % C   zeigt Anteile im Gefügebild von   50 Ferrit/50 Perlit
0,6 % C   25 Ferrit/75 Perlit
0,8 % C   100 Perlit.

In der Praxis allerdings werden diese Werte nur im normalgeglühten Zustand erreicht.

3.2.3. Gefüge unlegierter Stähle

Stähle sind Eisen-Kohlenstoff-Legierungen mit einem Kohlenstoffgehalt bis zu 2,06 %. Für sie ist also die linke untere Ecke des Eisen-Kohlenstoff-Diagramms, die sog. Stahlecke, maßgebend. Außer Kohlenstoff sind durch den Herstellungsprozeß

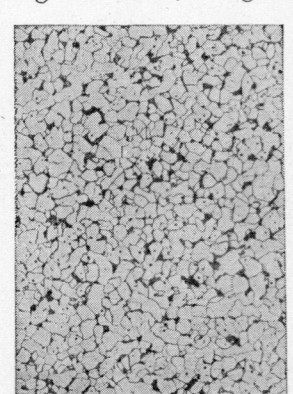

Bild 3.16. Ferrit und Perlit (etwa C 15)
links: 50 : 1   *Mitte:* 200 : 1   *rechts:* 500 : 1

Begleitelemente enthalten. Überschreiten diese nicht bestimmte festgelegte Grenzwerte (s. Abschn. 4.1.1.), so werden die Stähle als unlegierte Stähle bezeichnet. Nach dem Kohlenstoffgehalt unterscheidet man zwischen untereutektoiden und übereutektoiden Stählen.

Das Gefüge der Stähle besteht je nach Kohlenstoffgehalt aus Ferrit + Perlit, Perlit oder Perlit + Sekundärzementit. Dabei darf nicht übersehen werden, daß der Abbildungsmaßstab metallographischer Aufnahmen ganz unterschiedliche Mengenverhältnisse vortäuschen kann (Bild 3.16). Bei dem Vergleich der einzelnen Bilder ist

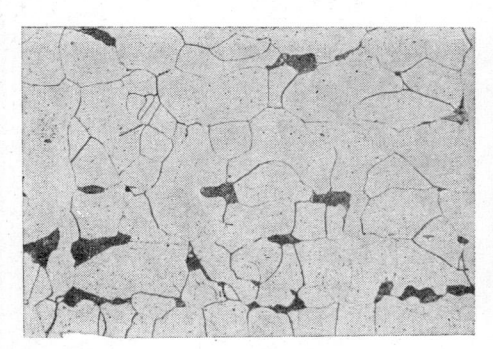

Bild 3.17. Ferrit und Perlit
(etwa C 10; 100 : 1)

Bild 3.18. Ferrit und Perlit
(etwa C 20; 100 : 1)

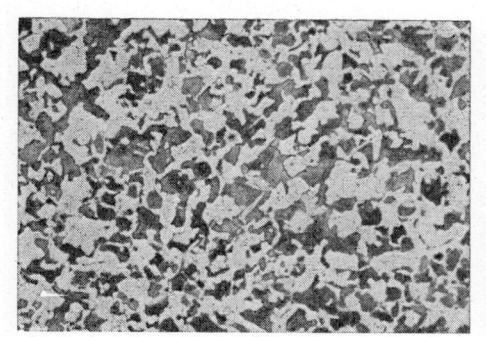

Bild 3.19. Ferrit und Perlit
(etwa C 35; 100 : 1)

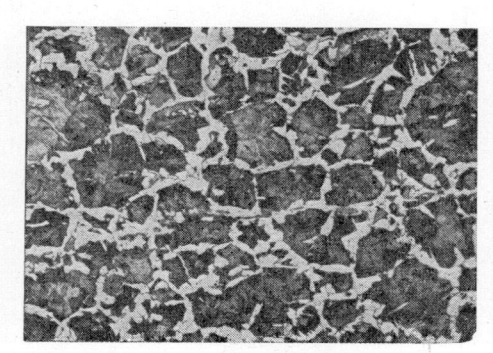

Bild 3.20 Perlit und Ferrit
(etwa C 45; 100 : 1)

Bild 3.21. Perlit und Ferrit
(etwa C 60; 100 : 1)

Bild 3.22. Perlit und Ferrit
(etwa C 70; 100 : 1)

ersichtlich, daß der Perlit bei geringeren Abbildungsmaßstäben als hell- bis dunkelgraue Kristallart erscheint und seine streifige Struktur erst bei höheren Abbildungsmaßstäben sichtbar wird.

Aus der Abschätzung der Anteile Ferrit und Perlit läßt sich bei unlegierten Stählen auf den Kohlenstoffgehalt schließen. Voraussetzung dafür ist ein dem Gleichgewichtszustand entsprechendes, möglichst unbeeinflußtes Gefüge (Bilder 3.17 bis 3.22).

3.2.4. Abkühlungsverlauf und eutektoider Zerfall

Um die Umwandlungsvorgänge beim Erhitzen und Abkühlen als Grundlage für die Wärmebehandlung von Stählen besser zu verstehen, wird der Abkühlungsverlauf dreier Legierungen diskutiert.

0,4 % C	oberhalb 1450 °C	$S + \gamma$-Mk	/S + Austenit
	1450 °C···780 °C	γ-Mk	/Austenit
	780 °C···723 °C	γ- + α-Mk	/Austenit + Ferrit
	723 °C···RT	α-Mk + Fe$_3$C	/Ferrit + Perlit
	bei RT: 50% Ferrit und 50% Perlit		
0,8 % C	oberhalb 1480 °C	Schmelze	
	1480 °C···1380 °C	$S + \gamma$-Mk	/S + Austenit
	1380 °C···723 °C	γ-Mk	/Austenit
	723 °C···RT	α-Mk + Fe$_3$C	/Perlit
	bei RT: 100% Perlit		
1,4 % C	oberhalb 1440 °C	Schmelze	
	1440 °C···1270 °C	$S + \gamma$-Mk	/S + Austenit
	1270 °C···940 °C	γ-Mk	/Austenit
	940 °C···723 °C	γ-Mk + Fe$_3$C	/Austenit + Sek. zem.
	723 °C···RT	α-Mk + Fe$_3$C	/Perlit + Sek. zem.
	bei RT: 90% Perlit + 10% Sekundärzementit		

Zum Abschätzen der Mengen der Gefügebestandteile wurde das Gefügerechteck herangezogen.

▶ *Skizzieren Sie dazu die Abkühlungskurven in Anlage 3.4 und ermitteln Sie selbständig den Erstarrungsverlauf für Legierungen mit 0%, 0,2%, 0,6%, 1,0%, 1,2%, 1,6%, 1,8% und 2,0% C!*

Zur Klärung des eutektoiden Zerfalls des Austenits seien zunächst einige bekannte Tatsachen zusammengestellt.

Die α-Mk des Eisens (krz) können bei 723 °C maximal nur 0,02% C lösen.

Die γ-Mk des Eisens (kfz) können dagegen bei 1147 °C maximal 2,06% C lösen. Bei sinkender Temperatur verändert sich aber die Löslichkeit auf 0,8% C bei 723 °C.

Besitzt eine Legierung mehr als 0,8% C (übereutektoider Stahl), so hat sich bei der Abkühlung die überschüssige Menge Kohlenstoff als Sekundärzementit ausgeschieden. Der Austenit dieser Legierung enthält bei 723 °C nur noch 0,8% C.

Besitzt eine Legierung weniger als 0,8% C (untereutektoider Stahl), so wandelt sich ein Teil des Austenits bereits bei höheren Temperaturen als 723 °C zu Ferrit um. Dabei reichert sich in den restlichen Teilen des Austenits der Kohlenstoff durch Diffusion an, so daß der Austenit bei 723 °C 0,8% C enthält.

Aus diesen vier Feststellungen, die noch einmal im Bild 3.23, der Darstellung der Stahlecke im *EKD*, zusammengefaßt sind, leitet sich weiter ab:

Metastabiles System $Fe - Fe_3C$ 3.2.

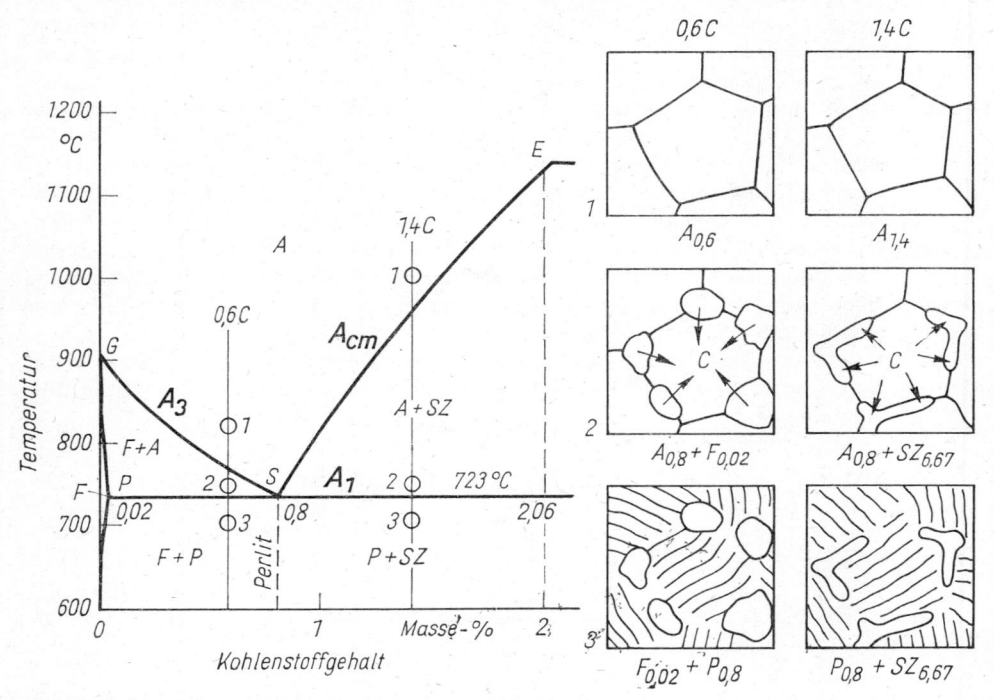

Bild 3.23. Stahlecke des Eisen-Kohlenstoff-Diagramms

Bei allen Legierungen enthält der bei Temperaturen dicht oberhalb 723 °C beständige Austenit im Gleichgewichtsfall 0,8 % C.
Beim Unterschreiten der Temperatur von 723 °C findet eine Umwandlung des kfz Mischkristalls in den krz Mischkristall (γ-α-Umwandlung) statt. Hierbei sinkt schlagartig das Lösungsvermögen für Kohlenstoff von 0,8 % auf 0,02 %. Das entspricht einem Verhältnis von 40 : 1. Dabei laufen bei der Abkühlung eines Stahles im Gleichgewichtsfall bei 723 °C zwei Erscheinungen gleichzeitig ab. Die erste ist die Gitterumwandlung kfz in krz (Selbstdiffusion des Fe), die andere ist die Diffusion des Kohlenstoffes (Fremddiffusion) und seine Ausscheidung als Fe_3C. Diese Umwandlung — der *eutektoide Zerfall* eines Mischkristalls — ist stark diffusionsabhängig. Den größten Einfluß hat die Abkühlungsgeschwindigkeit und damit die zur Diffusion der C-Atome zur Verfügung stehende Zeit (Bild 3.24).
Der Einfluß der Abkühlungsgeschwindigkeit und die damit mögliche Beeinflussung dieser Umwandlung ist der Ausgangspunkt für die Betrachtung der Wärmebehandlung der Stähle.

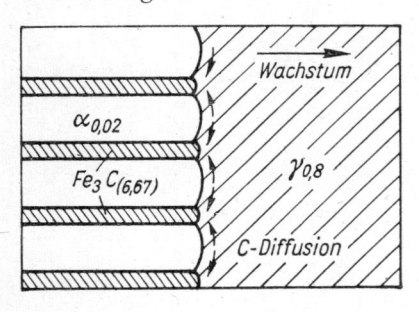

Bild 3.24. Schema der Austenit-Perlit-Umwandlung

Die Vorgänge bei der Austenit-Perlit-Umwandlung sind auf Bild 3.24 zu erkennen. Von der linken Seite her schiebt sich die Umwandlungsfront ins Bild. Die Wachstumsrichtung ist von links nach rechts eingezeichnet. Man beobachtet, wie die Umwandlungsfront der lamellar zueinander angeordneten Phasen α-Mk mit 0,02 % C und Fe$_3$C mit 6,67 % C in den Austenitkristall (γ-Mk mit 0,8 % C) hineinwächst. Die Ansammlung des Kohlenstoffes an bestimmten Stellen (den Zementitlamellen) ist dadurch möglich, daß senkrecht zur Wachstumsfront Diffusionsvorgänge ablaufen. Die Erforschung der Mechanismen solcher Umwandlungsvorgänge ist heute Gegenstand der wissenschaftlichen Arbeit und kann durchaus noch nicht als abgeschlossen betrachtet werden. Die schematischen Vorstellungen erklären jedoch die Entstehung des streifigen Gefüges (Perlit), bei dem sich Zementit lamellar in eine Grundmasse aus Ferrit einlagert.

Dabei läßt sich der Anteil der beiden bei der Umwandlung entstehenden Phasen mit dem Gesetz der abgewandten Hebelarme berechnen. Für eine Legierung mit 0,8 % C ergeben sich:

$$\text{Menge des Fe}_3\text{C} = \frac{x}{x+y} = \frac{0,8}{6,67} \cdot 100\% = 12\%,$$

$$\text{Menge der α-Mk} = \frac{y}{x+y} = \frac{5,87}{6,67} \cdot 100\% = 88\%,$$

wobei der Hebelarm x als Strecke PS und der Hebelarm y als Strecke SK eingesetzt wird.

Der eutektoide Zerfall der γ-Mischkristalle setzt voraus, daß sie bei 723 °C einen Kohlenstoffgehalt von 0,8% (Punkt S) aufweisen. Das geschieht durch Ausscheiden von Ferrit oder Sekundärzementit beim Abkühlen. Durch Unterschreiten der Umwandlungstemperatur zerfallen sie. Das dabei entstehende Gefüge heißt Perlit.

3.2.5. Gefüge des weißen Gußeisens

Während die Werkstoffe Stahl und Stahlguß Kohlenstoffgehalte bis etwa 2 % C aufweisen, besitzt das weiße Gußeisen über 2,5 % C. Hierzu gehören die Eisenwerkstoffe *Hartguß* und *Temperrohguß* und das *weiße Roheisen*. Man unterscheidet zwischen untereutektischen und übereutektischen Legierungen.

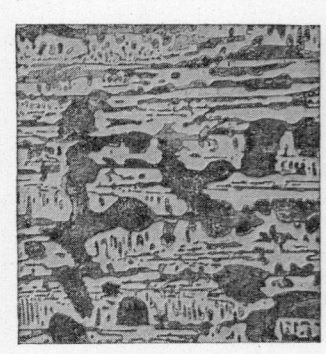

Bild 3.25. Zerfallener Austenit in Ledeburit (50 : 1)

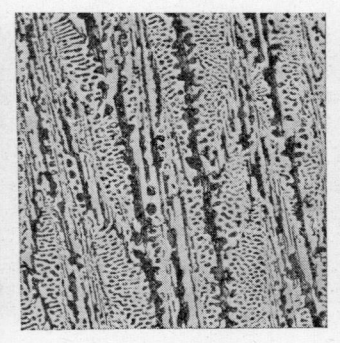

Bild 3.26. Ledeburit (50 : 1)

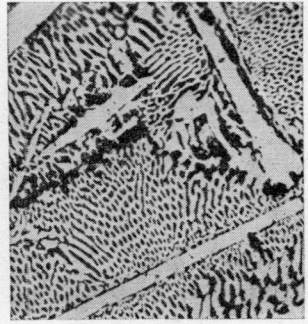

Bild 3.27. Primärzementit in Ledeburit (50 : 1)

untereutektisch	eutektisch	übereutektisch
unterledeburitisch	ledeburitisch	überledeburitisch
zerfallener Austenit + Ledeburit (Bild 3.25)	Ledeburit (Bild 3.26)	Primärzementit + Ledeburit (Bild 3.27)

Aus Abschnitt 3.1. ist bekannt, daß die Erstarrung nach dem metastabilen oder stabilen System durch die Abkühlungsgeschwindigkeit beeinflußt wird. Das wird beim Hartguß ausgenutzt. Durch Anbringen von Schreckplatten in der Form erreicht man am Rande eine Weißerstarrung, wobei der Kohlenstoff als Fe_3C gebunden ist, während sich im Kern des Gußstückes der Kohlenstoff als Graphit ausscheidet. In der Übergangszone treten beide Arten der Gefügeausbildung auf. Das Gußstück weist dadurch bei einem weicheren, zähen Kern eine harte, verschleißfeste Randzone auf.

3.3. Stabiles System Eisen—Graphit

3.3.1. Zustandsdiagramm Fe—C

Gegenüber dem Eisen-Kohlenstoff-Diagramm (metastabil) zeigt das Diagramm des stabilen Systems Fe-C prinzipiell den gleichen Linienverlauf. Die Linien erhalten die gleichen Bezeichnungen, nur mit dem Unterschied, daß sie als $E'C'F'$ usw. bezeichnet werden. Temperatur- und Konzentrationsangaben verschieben sich geringfügig.

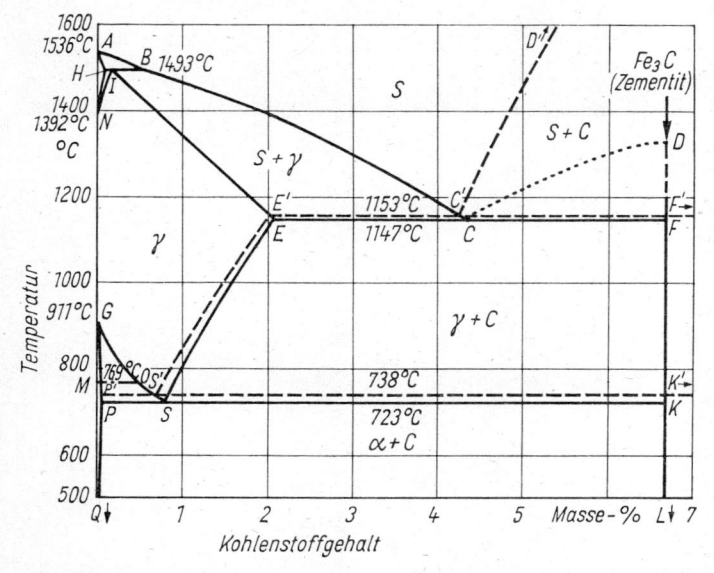

Bild 3.28. Eisen-Kohlenstoff-Diagramm; Zustandsfelder mit Phasenbezeichnungen des stabilen Systems
——— stabiles System
·········· metastabiles System

In der Bezeichnung der Zustandsfelder tritt anstelle der Verbindung Fe₃C (metastabile Phase) nun die Bezeichnung C der stabilen Phase Graphit (Bild 3.28). Die wichtigste Erscheinung ist das Auftreten des Graphiteutektikums (Austenit + Graphit) am Punkt C' (4,23 % C, 1153 °C). Die Gußlegierungen werden in untereutektische, eutektische und übereutektische eingeteilt.

3.3.2. Gefüge des grauen Gußeisens

Die Legierungen des grauen Gußeisens erstarren zumindest im Primärgebiet stabi (Linie $E'C'F'$). Bei weiterer Abkühlung im Sekundärgebiet entstehen je nach Gehalt an Legierungselementen und Abkühlungsgeschwindigkeit Gefüge des metastabilen Systems.

Während die Graphitmenge im wesentlichen durch die Zusammensetzung der Legierung bestimmt ist, kann die Graphitform durch gießtechnische Maßnahmen und Beeinflussung der Schmelze verändert werden. Die übliche Ausbildung erfolgt in Lamellenform (Bild 3.29); graues Gußeisen mit Lamellengraphit GGL. Durch Impfen und Schmelzbehandlung mit Magnesium wird die Kristallisation des Graphits in Sphärolithen erreicht (Bild 3.30); graues Gußeisen mit Globulargraphit GGG.

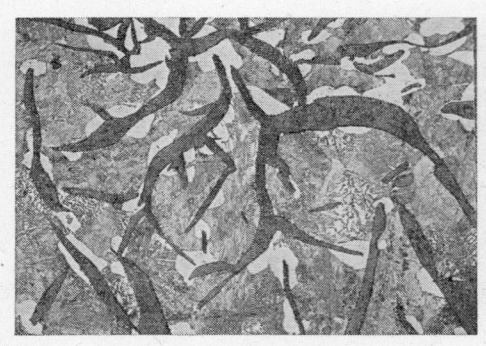

Bild 3.29. Lamellengraphit in ferritisch-perlitischer Grundmasse

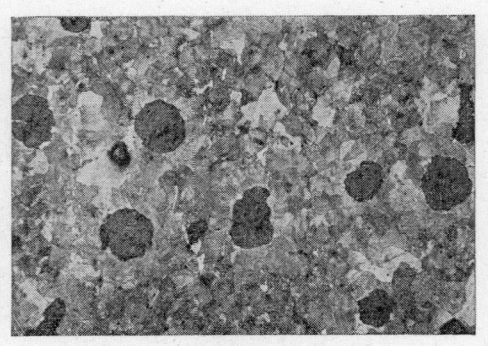

Bild 3.30. Kugelgraphit in Perlit

4 Kurzbezeichnung der Eisen- und Nichteisenmetalle

Zielstellung

Voraussetzung zum Studium dieses Abschnittes sind Ihre Kenntnisse, die Sie bereits an den Ober- und Berufsschulen auf dem Gebiet der Werkstoffbezeichnung erworben haben. Erinnern Sie sich an den Aufbau dieser Bezeichnung, der im folgenden noch einmal dargestellt ist.

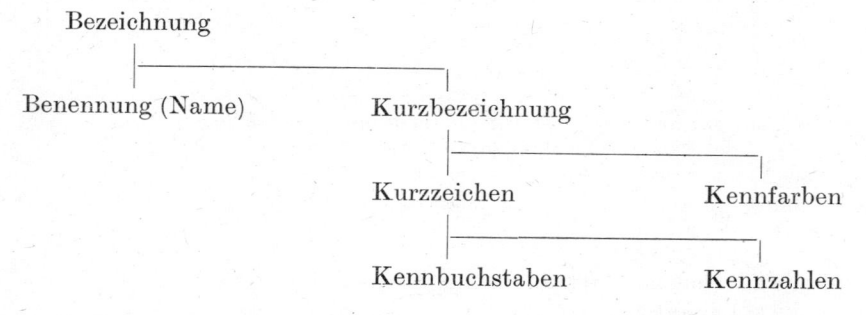

```
                    Bezeichnung
                   |           |
    Benennung (Name)      Kurzbezeichnung
                         |               |
                    Kurzzeichen       Kennfarben
                   |           |
           Kennbuchstaben   Kennzahlen
```

Ohne daß auf die Vielzahl der Namen der einzelnen Werkstoffe, die oftmals auch individuelle Werkbezeichnungen sind, eingegangen wird, soll erreicht werden, daß Sie sicher mit den TGL (früher: Abkürzung für Technische Normen, Gütevorschriften und Lieferbedingungen; heute: Symbol für Staatliche Standards der DDR), in denen Werkstoffbezeichnungen enthalten sind, umgehen können. Es werden zu diesem Zweck die Kurzzeichen und Kennfarben, die nur soviel Informationen enthalten, wie zur Unterscheidung der Werkstoffe unbedingt notwendig sind, behandelt. Einzelheiten müssen Sie immer der jeweiligen TGL entnehmen.
Die Kurzbezeichnungen nach DIN entsprechen weitestgehend denen nach TGL.
Wegen der engen Handelsbeziehungen werden in einem gesonderten Abschnitt die sowjetischen Kurzbezeichnungen für Stahl erläutert.

4.1. Kurzbezeichnung der Stähle

Für die Kurzbezeichnung der Stähle gibt es drei verschiedene Möglichkeiten:
- Markenbezeichnung mit Kennbuchstaben und zugehörigen Kennzahlen,
- reine Kennzahlen,
- Kennfarben.

Zwischen den reinen Kennzahlen und den Kennfarben besteht ein festgelegter Zusammenhang, so daß diese beiden Möglichkeiten im entsprechenden Abschitt gemeinsam behandelt werden.

4.1.1. Kurzbezeichnung der Stähle durch die Markenbezeichnung mit Kennbuchstaben und zugehörigen Kennzahlen

Entsprechend der chemischen Zusammensetzung wird zwischen unlegierten, niedriglegierten und hochlegierten Stählen unterschieden. Die Grenzen ergeben sich aus folgender Darstellung:

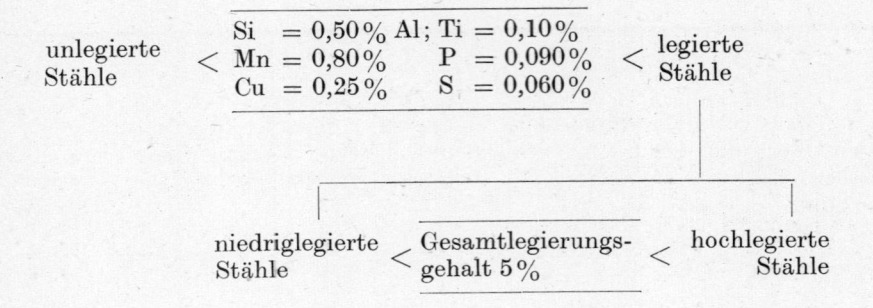

$$\text{unlegierte Stähle} < \overline{\begin{matrix} \text{Si} = 0{,}50\,\% & \text{Al; Ti} = 0{,}10\,\% \\ \text{Mn} = 0{,}80\,\% & \text{P} = 0{,}090\,\% \\ \text{Cu} = 0{,}25\,\% & \text{S} = 0{,}060\,\% \end{matrix}} < \text{legierte Stähle}$$

$$\text{niedriglegierte Stähle} < \overline{\text{Gesamtlegierungsgehalt 5\,\%}} < \text{hochlegierte Stähle}$$

4.1.1.1. Kurzzeichen für unlegierte und niedriglegierte Stähle auf der Basis der Festigkeit und Umformbarkeit

Diese Stähle werden oft ohne Wärmebehandlung verwendet und mit den Kennbuchstaben

St   für die allgemeinen Baustähle,
KT   für die korrosionsträgen Baustähle,
H   für die höherfesten schweißbaren Baustähle

und der Kennzahl für die Zugfestigkeit R_m gekennzeichnet.
Wird die Kennzahl mit 9,81 multipliziert, so ergibt sich der Festigkeitswert in MPa. Die Einheit wird in der Kurzbezeichnung nicht angegeben. Nach dem Festigkeitswert werden die Kennbuchstaben für die Vergießungsart geschrieben. Diese sind:

u   unberuhigt,
hb   halbberuhigt,
b   beruhigt.

Zur weiteren Unterscheidung werden diese Stähle in die Gütergruppen 1 bis 3 eingeteilt. Für die Gütegruppen 2 und 3 werden die Zahlen mit Bindestrich angefügt. Die Gütegruppe 1 wird nicht angegeben.
Stähle dieser Gütegruppen werden erzeugt, indem vom Hersteller auf der Basis der gewünschten Vergießungsart und der Schmelzanalyse der *Siemens-Martin-* oder Elektroofen oder der Konverter zur Erschmelzung eingesetzt wird.
Wesentliche Unterscheidungsmerkmale der Gütegruppen gehen aus der folgenden Übersicht hervor:

Güte gruppe	Vergießungsart	Gehalt an P	S
		in % (max.)	
1	nicht vorgeschrieben	0,080	0,060
2	u, hb, b	0,045	0,050
3	besonders beruhigt alterungsbeständig	0,040	0,040

Lehrbeispiele

St 42 — unlegierter Stahl mit 412 MPa Mindestzugfestigkeit, Vergießungsart nicht vorgeschrieben,
P-Gehalt $\leq$ 0,080%, S-Gehalt $\leq$ 0,060%

St 60-2 — unlegierter Stahl mit 588 MPa Mindestzugfestigkeit, Vergießungsart nicht angegeben,
P-Gehalt $\leq$ 0,045%, S-Gehalt $\leq$ 0,050%

St 38 hb-2 — unlegierter Stahl mit 373 MPa Mindestzugfestigkeit, halbberuhigt vergossen,
P-Gehalt $\leq$ 0,045%, S-Gehalt $\leq$ 0,050%

H 45-3 — höherfester, schweißbarer Baustahl mit 441 MPa Mindestzugfestigkeit, besonders beruhigt vergossen, alterungsbeständig,
P-Gehalt $\leq$ 0,040%, S-Gehalt $\leq$ 0,040%

KT 52-3 — korrosionsträger Stahl mit 510 MPa Mindestzugfestigkeit, besonders beruhigt vergossen, alterungsbeständig,
P-Gehalt $\leq$ 0,040%, S-Gehalt $\leq$ 0,040%

Gewährleistete Kaltformbarkeit, Abkantbarkeit oder Stauchbarkeit wird durch den Buchstaben Q am Ende des Kurzzeichens gekennzeichnet.
Bei den Kurzzeichen für Feinblech und Kaltband werden die Kennbuchstaben St unabhängig vom Legierungsgehalt verwendet. Danach werden die Gütegruppe (sie entspricht nicht den obengenannten), die Vergießungsart, die Oberflächenausführung und gegebenenfalls auch das Oberflächenaussehen der Reihe nach angegeben. Die Angabe der Mindestzugfestigkeit entfällt.

- *Gütegruppen*

G   Grundgüte   TZ   Tiefziehgüte
Z   Ziehgüte   SZ   Sondertiefziehgüte

- *Oberflächenausführung*

A4   warm gewalzt, nicht entzundert
A3   warm gewalzt, zunderfrei
A2   zunderfrei, kalt nachgewalzt
A1   zunderfrei, kalt gewalzt

- *Oberflächenaussehen*

m   matt
b   blank

Lehrbeispiel

St TZ u-Al Kaltband, Tiefziehgüte, unberuhigt vergossen, zunderfrei, kalt gewalzt

■ Ü. 4.1. und 4.2

Niedriglegierte Stähle wurden in der Überschrift dieses Abschnitts nur deshalb mit erwähnt, weil für bestimmte Verwendungszwecke den unlegierten Stählen geringe Mengen an Cr und Ni und erhöhte Mengen an Mn, Cu und Al zugesetzt werden können, ohne daß sich für das Kurzzeichen Veränderungen ergeben.

4.1.1.2. Kurzzeichen für unlegierte Stähle, die einer Wärmebehandlung unterzogen werden

Charakteristisch für das Kurzzeichen dieser Stähle ist die Angabe des prozentualen Kohlenstoffgehalts durch seinen hundertfachen Wert.
Stähle, die die gewünschten Eigenschaften erst durch eine Wärmebehandlung erreichen, erhalten vor der Kohlenstoffangabe das chemische Symbol C. Die Wärmebehandlung, wie z. B. das Vergüten oder Härten, erfolgt meist beim Verbraucher. Niedriger Phosphor- oder/und Schwefelgehalt wird durch ein nach dem C stehendes K angegeben.
Neben dem schon erwähnten Kennbuchstaben Q können noch Kennbuchstaben für das Erschmelzungsverfahren und den Behandlungszustand vereinbart werden.

- *Erschmelzungsverfahren*

M   *Siemens-Martin*-Verfahren   T   *Thomas*verfahren
E   Elektrostahlverfahren   W   Sauerstoffaufblasverfahren
B   *Bessemer*verfahren

- *Behandlungszustand*

G   weichgeglüht
N   normalgeglüht
V   vergütet

Bei unlegierten Werkzeugstählen werden nach der Kohlenstoffangabe ein W und die Gütegruppe 1, 2, 3 oder S angegeben. Die Gütegruppen sind ein Maß für die Höhe der Silicium-, Mangan-, Phosphor- und Schwefelgehalte, der Korngröße, der Reinheit an nichtmetallischen Einschlüssen, der Einhärtungstiefe und der Härterißempfindlichkeit.
Stähle, für deren Einsatz das Herstellverfahren von Bedeutung ist, die eine etwaige Wärmebehandlung bereits beim Hersteller durchlaufen und nur selten beim Verbraucher wärmebehandelt werden, erhalten vor der Kohlenstoffangabe den Kennbuchstaben für die Erschmelzungsart. Danach wird der Kennbuchstabe für die Vergießungsart angegeben.

Lehrbeispiele

C 15   unlegierter Stahl mit $\approx$ 0,15% Kohlenstoff, nach Ermessen des Herstellers erschmolzen; beim Verbraucher erfolgt eine Wärmebehandlung.

EC 10   unlegierter Stahl mit $\approx$ 0,10% Kohlenstoff, im Elektroofen erschmolzen; beim Verbraucher erfolgt eine Wärmebehandlung.

C 100 W 1 unlegierter Werkzeugstahl mit ≈ 1% Kohlenstoff, ≈ 0,2% Silicium und Mangan, ≈ 0,02% Phosphor und Schwefel; Gütegruppe 1

Mb 11 unlegierter Stahl mit ≈ 0,10% Kohlenstoff, nach dem *Siemens-Martin*-Verfahren erschmolzen und beruhigt vergossen. Eine etwaige Wärmebehandlung erfolgt beim Erzeuger.

■ Ü. 4.3 und 4.4

4.1.1.3. Kurzzeichen für niedrig- und hochlegierte Stähle

Diese Stähle werden durch den hundertfachen Wert des prozentualen Kohlenstoffgehaltes, die chemischen Symbole der wichtigsten Legierungselemente und die zugehörigen Kennzahlen für die prozentualen Gehalte gekennzeichnet. Die Symbole für die Legierungselemente werden in der Reihenfolge ihres Gehaltes, bei gleichen Gehalten in alphabetischer Reihenfolge angeführt. Der Kennbuchstabe C wird nicht geschrieben.

Bei niedriglegierten Stählen ergeben sich die im Kurzzeichen erscheinenden Kennzahlen durch Multiplikation der prozentualen Legierungsgehalte mit entsprechenden Faktoren. Die Kennzahlen werden ab- bzw. aufgerundet.

Prozentualer Legierungsgehalt × Faktor = Kennzahl

Aus Tabelle 4.1 können Sie die Faktoren für diese Umrechnung entnehmen.

Tabelle 4.1. Umrechnungsfaktoren für die Legierungsgehalte bei niedriglegierten Stählen

Prozentualer Gehalt an	Faktor
Cr, Co, Mn, Ni, Si, W	4
Al, Cu, Mo, Nb, Ta, Ti, V, Be, Pb, B, Zr	10
C, N, P, S, Ce	100

Bei hochlegierten Stählen erfolgt, außer bei Kohlenstoff, keine Umrechnung, so daß die Legierungsgehalte direkt in Prozent angegeben werden. Im Kurzzeichen wird dies durch den an erster Stelle stehenden Buchstaben X sichtbar. Zusätzliche Kennbuchstaben und Zahlen werden nicht angegeben.

In einigen Ausnahmen werden hochlegierte Stähle ohne X, d. h. wie niedriglegierte Stähle, gekennzeichnet.

Lehrbeispiele

15 Cr 3   niedriglegierter Stahl mit ≈ 0,15% C und ≈ 0,75% Cr

20 MnCr 5   niedriglegierter Stahl mit ≈ 0,20% C, ≈ 1,25% Mn und ≈ 1% Cr

X 8 CrNiTi 18.10   hochlegierter Stahl mit ≈ 0,1% C, ≈ 18% Cr, ≈10% Ni und ≈ 0,6% Ti

210 Cr 46   hochlegierter Stahl mit ≈ 2,2% C und ≈ 12% Cr

■ Ü. 4.5 bis 4.8

4.1.2. Kurzbezeichnung der Stähle durch Kennzahlen und Kennfarben

Die Notwendigkeit dieser Bezeichnungsart ist einzusehen, wenn Sie bedenken, daß z. B. in einem Stahllager eine optische Unterscheidung leicht möglich sein muß. Die Kennzahlen und Kennfarben stehen in folgendem Zusammenhang:

weiß	= 0	schwarz	= 5
gelb	= 1	orange	= 6
grün	= 2	lila	= 7
rot	= 3	grau	= 8
blau	= 4	braun	= 9

Für die Kurzbezeichnung werden vierstellige Kennzahlen bzw. 4 Kennfarben verwendet. Durch jede Stelle der Zahl bzw. Farbe sind 10 Möglichkeiten gegeben (0 bis 9 bzw. weiß bis braun). Sofern die Farbe Weiß am Anfang oder Ende der Farbkennzeichnung auftreten müßte, wird sie weggelassen.

Die *erste Zahl oder Farbe* gibt Auskunft über die zugehörige Legierungshauptgruppe. Diese Legierungshauptgruppen sind:

unlegierter Massenstahl → $P > 0{,}045\%$, $S > 0{,}045\%$ ⇒ 0 bzw. weiß

unlegierter Qualitätsstahl → $\begin{cases} 0{,}035\% < P \leq 0{,}045\% \\ 0{,}035\% < S \leq 0{,}045\% \end{cases}$ ⇒ 1 bzw. gelb

unlegierter Edelstahl → $P \leq 0{,}035\%$, $S \leq 0{,}035\%$ ⇒ 2 bzw. grün

einfach legierter Stahl ⎯⎯⎯⎯⎯⎯⎯⎯⎯⎯→ $\begin{cases} \text{oder} \end{cases}$ 3 bzw. rot / 4 bzw. blau

zweifach legierter Stahl ⎯⎯⎯⎯⎯⎯⎯⎯⎯⎯→ $\begin{cases} \text{oder} \\ \text{oder} \end{cases}$ 5 bzw. schwarz / 6 bzw. orange / 7 bzw. lila

dreifach legierter Stahl ⎯⎯⎯⎯⎯⎯⎯⎯⎯⎯→ 8 bzw. grau

drei- und mehrfach legierter Stahl ⎯⎯⎯⎯⎯⎯⎯⎯⎯⎯→ 9 bzw. braun

Die *zweite Zahl oder Farbe* gibt Auskunft über die wichtigsten Legierungselemente; sie wird mit *Untergruppe* bezeichnet. Eine feste Zuordnung von Zahlen oder Farben zu den einzelnen Legierungselementen ist aber nicht möglich, weil zu den Untergruppen unterschiedliche Legierungselemente in bezug auf die Legierungshauptgruppen gehören, z. B. ist das Legierungselement der Untergruppe 4 der Hauptgruppe 3 Mn und die Legierungselemente der Untergruppe 4 der Hauptgruppe 5 Si und Cr. Es ist also in diesem Beispiel einmal Mn und zum anderen Si und Cr mit 4 bzw. blau zu kennzeichnen.

Die *weiteren Zahlen und Farben* geben Auskunft über die Einordnung in die Untergruppen. Sie werden mit Stahlmarke bezeichnet.

Das bisher Gesagte über die Kurzbezeichnung durch Zahlen und Farben läßt sich wie folgt darstellen:

$$
\begin{array}{ll}
\text{Legierungshauptgruppe} & \dfrac{\text{Zahl}}{\text{Farbe}} \\[2ex]
\text{Untergruppe (Legierungselement)} & \dfrac{\text{Zahl}}{\text{Farbe}} \\[2ex]
\text{Stahlmarke (Zählzahl)} & \left\{ \begin{array}{l} \dfrac{\text{Zahl}}{\text{Farbe}} \\[2ex] \dfrac{\text{Zahl}}{\text{Farbe}} \end{array} \right.
\end{array}
$$

4.1.3. Sowjetische Kurzbezeichnung der Stähle

In der Sowjetunion werden die Stähle in staatlichen Allunionsstandards (государственный общесоюзный стандарт — GOST) erfaßt. Dabei werden drei Hauptgruppen unterschieden:

1. Unlegierte Stähle, die nach ihrer Festigkeit eingesetzt werden.

Diese Stähle werden in drei Gruppen eingeteilt:

Gruppe A: Stahl, der nach den mechanischen Eigenschaften geliefert wird.
Gruppe B: Stahl, der nach der chemischen Zusammensetzung geliefert wird.
Gruppe C: Stahl, der nach den mechanischen Eigenschaften und nach der chemischen Zusammensetzung geliefert wird.

Für die Kurzbezeichnung werden die Kennbuchstaben B und C (A wird weggelassen) entsprechend der jeweiligen Gruppe, die Kennbuchstaben St, die Kennzahlen 1 bis 6 entsprechend der Festigkeit und die folgenden Kennbuchstaben für die Vergießungsart verwendet: beruhigt — sp; halbberuhigt — ps; unberuhigt — kp.

Lehrbeispiele

St 4 kp   Stahl der Gruppe A, unberuhigt, entspricht dem St 42
CSt 3 ps Stahl der Gruppe C, halbberuhigt, entspricht dem St 38 hb-2
BSt kp   Stahl der Gruppe B, unberuhigt, entspricht dem St 34 u-2

2. Unlegierte Stähle, die einer Wärmebehandlung unterzogen werden.

Diese Stähle werden nur mit einer Kennzahl gekennzeichnet. Die Kennzahl gibt den hundertfachen Wert des prozentualen Kohlenstoffgehalts an. Bei hochkohlenstoffhaltigen Stählen wird teilweise der Multiplikator 10 verwendet.

Lehrbeispiele

40 entspricht einem Stahl mit etwa 0,4% Kohlenstoff
17 entspricht einem Stahl mit etwa 1,7% Kohlenstoff

3. Legierte Stähle

Legierte Stähle werden nach der chemischen Zusammensetzung mit Angabe der wichtigsten Legierungselemente bezeichnet. Dabei werden für die einzelnen Elemente folgende Kennbuchstaben verwendet:

Legierungselemente	Kyrillischer Kennbuchstabe	Transliteriert	Legierungselemente	Kyrillischer Kennbuchstabe	Transliteriert
Aluminium	Ю	Ju	Niob	Б	B
Bor	Р	R	Phosphor	П	P
Chrom	Х	Ch	Selen	Е	E
Cobalt	К	K	Silicium	С	S
Kohlenstoff	У	U	Stickstoff	А	A
Kupfer	Д	D	Titan	Т	T
Mangan	Г	G	Vanadium	Ф	F
Molybdän	М	M	Wolfram	В	W
Nickel	Н	N	Zirconium	Ц	C

Ab 2% wird der Legierungsinhalt durch die Prozentzahlen angegeben, die direkt hinter den Kennbuchstaben der Elemente erscheinen, unterhalb dieser Grenze wird nur der Kennbuchstabe des Elements verwendet. Für den Kohlenstoffgehalt wird bei niedriglegierten Stählen als Multiplikator 100 verwendet, bei hochlegierten Stählen 10, oder es wird auf die Angabe des Kohlenstoffgehalts verzichtet.

Lehrbeispiele

18 G 2 S   legierter Stahl mit $\approx 0,18\%$ C, $\approx 0,2\%$ Mn und Si, entspricht dem 18MnSi6

34 Ch M   legierter Stahl mit $\approx 0,34\%$ C, $\approx 1\%$ Cr und Mo, entspricht dem 34CrMo4

4 Ch 13   hochlegierter Stahl mit $\approx 0,4\%$ C und $\approx 13\%$ Cr, entspricht dem X40Cr13

Ch 18 N 10 T   hochlegierter Stahl mit $\approx 18\%$ Cr, 10% Ni und Ti, entspricht dem X8CrNiTi18.10

In Tabelle 4.2 sind einige wichtige GOST-Standards enthalten.

Tabelle 4.2. Vergleichbare GOST-Normen

GOST 380-71	Kohlenstoffstahl gewöhnlicher Qualität
GOST 499-41	Kohlenstoffstahl, warmgewalzt für Nieten
GOST 501-58	Feinbleche aus niedriglegiertem und unlegiertem Stahl normaler und erhöhter Güte
GOST 801-60	Wälzlagerstahl
GOST 802-54	Stahlblech-Elektrofeinblech
GOST 914-56	Feinblech aus kohlenstoffhaltigem Qualitäts-Baustahl
GOST 1050-60	Qualitätskohlenstoffstahl für Bauzwecke
GOST 1386-47	Dekapiertes Stahlblech
GOST 1414-54	Konstruktions-Automatenstahl; Technische Bedingungen
GOST 1435-54	Werkzeugstahl, kohlenstoffhaltig
GOST 1457-60	Walzdraht für Stahlseile
GOST 2052-53	Warmgewalzter Feder-Qualitätsstahl; Technische Lieferbedingungen
GOST 2246-60	Schweißdraht aus Stahl
GOST 3836-47	Feinblech aus niedriggekohltem Stahl für die Elektrotechnik; Technische Lieferbedingungen
GOST 3875-47	Kratzendraht
GOST 4543-61	Baustahl, legiert; Marken und technische Forderungen
GOST 5058-57	Niedriglegierte Konstruktionsstähle; Marken und allgemeine technische Forderungen
GOST 5520-62	Kohlenstoff-Stahlblech und schwachlegiertes Stahlblech für Kessel und Druckgefäßebau; Technische Forderungen
GOST 5632-61	Hochlegierte Stähle und Legierungen, korrosionsbeständig, zunderungsbeständig und warmfest (knetbar); Marken
GOST 5950-51	Legierter Werkzeugstahl; Technische Bedingungen
GOST 6422-52	Bandstahl, gewalzt zur Herstellung von Muttern
GOST 6713-53	Warmgewalzter Kohlenstoff für den Brückenbau; Technische Bedingungen
GOST 9373-60	Schnellarbeitsstähle; Marken
GOST 9543-60	Kohlenstoff-Konverterstahl gewöhnlicher Qualität

4.2. Kurzbezeichnung der Eisengußwerkstoffe

Bei den Eisengußwerkstoffen erfolgt die Kurzbezeichnung nur durch Kennbuchstaben mit zugehörigen Kennzahlen. Auf das Gußstück wird die Kurzbezeichnung durch Gießen, Einschlagen oder Schrift aufgebracht.

Bei der Kurzbezeichnung wird ebenfalls wie bei Stahl zwischen unlegierten, niedriglegierten und hochlegierten Eisengußwerkstoffen unterschieden, obwohl die Grenzen noch nicht so eindeutig festliegen. Zur Unterscheidung gegenüber Stahl werden bei den Eisengußwerkstoffen an die erste Stelle ihrer Kurzbezeichnung stets die Gußzeichen gesetzt. Danach folgt die analoge Bezeichnung wie bei Stahl.

Die *Gußzeichen* sind:

GS	Stahlguß
GS-K	Stahlguß für den Einsatz bei tiefen Temperaturen (K kaltbeständig)
GGG	Gußeisen mit Kugelgraphit
GGL	Gußeisen mit Lamellengraphit (früher Grauguß)
GGV	Gußeisen mit Vermiculargraphit
GT	Temperguß, in neutraler Glühatmosphäre wärmebehandelt
GT...E	Temperguß, in entkohlter Glühatmosphäre wärmebehandelt
GH	Hartguß

F	Feingießverfahren	
K	Kokillengießverfahren	
D	Druckgießverfahren	Zusatzzeichen für Gießverfahren
Z	Schleudergießverfahren	
C	Stranggießverfahren	
Vb	Verbundgießverfahren	

Bei Hartguß wird anstelle der Mindestzugfestigkeit die Härte (HB oder HV) angegeben.

Die Kennzahlen in der Kurzbezeichnung von Temperguß und unlegiertem Gußeisen mit Kugelgraphit setzen sich aus zwei Zahlen für den Wert der Zugfestigkeit und zwei Zahlen für den Wert der Bruchdehnung zusammen.

- *Besonderheiten bei Stahlguß*

Bei Stahlguß werden außer der Bezeichnung nach der chemischen Zusammensetzung oder der Festigkeit noch Kennbuchstaben für die Wärmebehandlung verwendet.

Die Angabe der Kennbuchstaben für die Wärmebehandlung erfolgt am Ende des Kurzzeichens.

- *Kennbuchstaben für die Wärmebehandlung*

N	normalgeglüht	W	warmausgehärtet
S	spannungsarmgeglüht	K	kaltausgehärtet
G	weichgeglüht	LW	lösungsgeglüht, abgeschreckt und warmausgelagert
H	gehärtet		
Hb	blindgehärtet	KW	lösungsgeglüht, abgeschreckt und kaltausgelagert
V	vergütet		
AS	lösungsgeglüht und abgeschreckt auf Austenit		

Sind bei unlegiertem Stahlguß neben der Festigkeit weitere Eigenschaften nachzuweisen, so wird eine Kennzahl entsprechend Tabelle 4.3, getrennt durch einen Punkt, angefügt.

In einigen Fällen wird Stahlguß nach Reinheitsgraden unterschieden. Der Reinheitsgrad *I* (normal) wird nicht angegeben. Besondere Reinheit wird durch GS-II... gekennzeichnet.

Tabelle 4.3. Kennzahlen für den Eigenschaftsnachweis

Kennzahl	Zugfestigkeit	Streckgrenze	Bruchdehnung	Kerbschlagzähigkeit	Magnetische Induktion
.0	×		×		
.1	×	×	×		
.3	×	×	×	×	
.9	×		×		×

Lehrbeispiele

GGL-30   unlegiertes Gußeisen mit Lamellengraphit und 290 MPa
GGL-300 NiMo5,9   niedriglegiertes Gußeisen mit Lamellengraphit, $\approx 3\%$ C, $\approx 1,2\%$ Ni, $\approx 0,9\%$ Mo

GGG-4015   Gußeisen mit Kugelgraphit, unlegiert mit einer Mindest-
                       zugfestigkeit von 390 MPa und einer Mindestbruchdehnung
                       von 15 %
GGG-X 270 NiCr192   Gußeisen mit Kugelgraphit, hochlegiert mit ≈ 2,7 % C,
                       ≈ 19 % Ni, ≈ 2 % Cr
GS-50.3 N+S   unlegierter Stahlguß mit 490 MPa Mindestzugfestigkeit bei
                       gewährleisteter Streckgrenze, Bruchdehnung und Kerb-
                       schlagzähigkeit, normal und spannungsarmgeglüht
GS-II 17CrMo5 5V   warmfester Stahlguß mit ≈ 0,17 % C, ≈ 1,2 % Cr,
                       ≈ 0,5 % Mo, vergütet mit besonderer Reinheit
GT-4505 E   Temperguß mit 440 MPa Mindestzugfestigkeit und einer
                       Mindestbruchdehnung von 5 %, in entkohlender Glüh-
                       atmosphäre wärmebehandelt
GH-200   Vollhartguß mit einer *Brinell*härte von 200 HB
GHK-400   Kokillenhartguß mit einer *Vickers*härte von 400 HV

- Ü. 4.9 und 4.10

4.3. Kurzbezeichnung der Nichteisenmetalle und Nichteisenmetall-legierungen

In diesem Abschnitt werden nur die Markenbezeichnungen behandelt. Die Anwendung der Farbkennzeichen ist noch nicht durchgehend für alle Nichteisenmetalle und Nichteisenmetallegierungen üblich, so daß darauf nicht eingegangen wird.

4.3.1. Aufbau der Kurzzeichen

Die Kurzzeichen der Nichteisenmetalle und Nichteisenmetallegierungen setzen sich aus Kennbuchstaben und Kennzahlen für die Lieferform und Abmessung, für die Verwendung, für die chemische Zusammensetzung und für besondere physikalische und chemische Eigenschaften zusammen.
Masseln, Blöcke, Barren und Katoden werden im allgemeinen nur mit den Kurzzeichen für die chemische Zusammensetzung bezeichnet. Dort, wo in den Standards hinsichtlich der Lieferform und Abmessung mehrere Möglichkeiten zur Wahl gestellt sind, erfolgen entsprechende Angaben.
Für Halbzeug werden immer die Kurzzeichen für die chemische Zusammensetzung, die Lieferform und Abmessung verwendet. Werden bestimmte Forderungen gestellt bzw. garantiert, so sind zusätzlich die übrigen oben angeführten Kurzzeichen zu verwenden.
Bei Sonderwerkstoffen können die Kurzzeichen für die chemische Zusammensetzung entfallen, wenn besondere physikalische Eigenschaften die weitere Verwendung eindeutig bestimmen.

4.3.2. Kurzzeichen für Lieferform und Abmessung

Die Lieferform wird durch die schreibbaren Kurzzeichen entsprechend der TGL 13331 angegeben. Ein Auszug aus dieser TGL ist in Tabelle 4.4 enthalten.
Nach dem Kurzzeichen für die Lieferform wird die Abmessung angegeben. Bei der

Tabelle 4.4. Kurzzeichen für die Lieferform (Auszug aus der TGL 13 331)

Schreibbares Kurzzeichen	Benennung	Schreibbares Kurzzeichen	Benennung
T	T-Profil	Tr	Trapezstab
I	Doppel-T-Profil	TrHrd	Trapez-Halbrund-Stab
U	U-Profil	Bd	Band
L	Winkelprofil	GelBd	Gelenkbandprofil
Z	Z-Profil	3kt	Dreikantstab
Hesp	Hespen-Profil	4kt	Vierkantstab
C	C-Profil	6kt	Sechskantstab
G	G-Profil	8kt	Achtkantstab
K	Kastenprofil	Rohr	Rohr
H	Hutprofil	Dr	Draht
Flwulst	Flachwulstprofil	Bl	Blech
S	Schiene	BuckBl	Buckelblech
KS	Kranschiene	Riffbl	Riffelblech
DS	Doppelkopfschiene	TonnBl	Tonnenblech
Fl	Flachstab	WaffBl	Waffelblech
BrFl	Breiflachstab	WarzBl	Warzenblech
Rd	Rundstab	Wellbl	Wellblech
Hrd	Halbrundstab	Tfl	Tafel
FlHrd	Flachhalbrundstab	Fol	Folie
FlRip	Flachprofil, gerippt	Fldr	Flachdraht

Angabe der einzelnen Maße ist die TGL 16 223 zu beachten. Verschiedene Genauigkeitsgrade werden durch die Angabe der entsprechenden Grundtoleranzreihe nach der Abmessung berücksichtigt. In der TGL 19 072 sind diese Abmessungstoleranzen enthalten.

Wird Halbzeug in Festmaßen geliefert, so ist nach der Angabe der Abmessung das Wort »fest« einzufügen.

Lehrbeispiele

Rd 30-Mg-Al6Zn	Rundstab mit 30 mm Durchmesser aus einer Magnesiumlegierung mit $\approx 6\%$ Al und Zn
Rd 5 IT 12 CuZn40Al1	Rundstab mit 5 mm Durchmesser und einer möglichen Abmessungstoleranz von ± 120 μm aus einer Kupferzinklegierung mit $\approx 40\%$ Zn und $\approx 1\%$ Al
Bl 0,5×800×2000 fest Zn 99,975	Zinkblech mit 0,5 mm Dicke, 800 mm Breite und einer festen Länge von 2000 mm

4.3.3. Kennbuchstaben für die Verwendung

- E Werkstoffe für elektrische Leiter, Kontakte oder Elektroden
- S Schweißzusatzwerkstoffe
- L Lotwerkstoffe
- G Gußlegierungen
- GD Druckgußlegierungen
- GV Verschnittlegierungen
- Lg Lagerwerkstoffe

Diese Kennbuchstaben werden vor die Angaben der chemischen Zusammensetzung gestellt.

Lehrbeispiele

Bd 0,3×40 E-Ag	Silberband der Abmessung 0,3 mm dick und 40 mm breit zur Verwendung in der Elektrotechnik
L-Sn33Sb	Zinnlot mit $\approx 33\%$ Sn, antimonhaltig
GD-ZnAl4	Zinkdruckgußlegierung mit $\approx 4\%$ Al

4.3.4. Kurzzeichen für die chemische Zusammensetzung

4.3.4.1. Kurzzeichen für unlegierte Nichteisenmetalle

Kurzzeichen für unlegierte Nichteisenmetalle werden durch das chemische Symbol des betreffenden Metalls mit nachfolgender Zahlenangabe des Reingehalts in Masseprozent gebildet. Bei hochreinen Nichteisenmetallen wird der Reingehalt durch die Anzahl der Neunen, die in der ermittelten Prozentzahl ohne Unterbrechung auftreten, angegeben.

Lehrbeispiele

Sn 99,9	Zinn mit höchstens 0,1% Begleitelementen
In5N	Indium mit einem Reingehalt von 99,999%

4.3.4.2. Kurzzeichen für Nichteisenmetallegierungen

In den Kurzzeichen der Nichteisenmetallegierungen sind das chemische Symbol des Basismetalls, die chemischen Symbole der charakteristischen Legierungselemente und ihre prozentualen Gehalte aufzuführen.
Wenn bei Mehrstofflegierungen die charakteristische Komponente einen niedrigeren Gehalt aufweist als die übrigen Bestandteile, so wird ihr chemisches Symbol trotzdem gleich nach dem des Basismetalls angegeben.

Lehrbeispiele

AlMg1Si1	Aluminiummagnesiumlegierung mit $\approx 1\%$ Mg und $\approx 1\%$ Si
CuNi25Zn15	Kupfernickellegierung mit $\approx 25\%$ Ni und $\approx 15\%$ Zn
CuNi12Zn24	Kupfernickellegierung mit $\approx 12\%$ Ni und $\approx 24\%$ Zn

4.3.5. Kurzzeichen für besondere physikalische und chemische Eigenschaften

F	Mindestzugfestigkeit
HB	*Brinell*härte
HV	*Vickers*härte

Diese Kennbuchstaben werden zusammen mit dem entsprechenden Zahlenwert nach der chemischen Zusammensetzung angegeben.

pol	poliert	gb	gebeizt
bk	blank	p	gepreßt

Diese Kennbuchstaben werden am Ende des genannten Kurzzeichens angegeben.

SE — Cu sauerstofffreies Elektrolytkupfer
DR — Cu mit Phosphor desoxydiertes Raffinadekupfer
E — Cu sauerstoffhaltiges Elektrolytkupfer
R — Cu sauerstoffhaltiges Raffinadekupfer

Diese Kennbuchstaben werden vor der chemischen Zusammensetzung angegeben.

R Reinstaluminium

Dieser Kennbuchstabe wird nach der chemischen Zusammensetzung angegeben, Reinaluminium bzw. Hüttenaluminium bekommt keine zusätzlichen Kennzahlen.

Lehrbeispiele

4 kt 22-CuZn37 F 38 bk	Vierkantstab mit 22 mm Seitenlänge aus einer Kupferzinklegierung mit $\approx 37\%$ Zn und einer Mindestzugfestigkeit von 373 MPa und blanker Oberfläche
Bd $0,8 \times 200$ CuSn6 HV 160	Band mit 0,8 mm Dicke und 200 mm Breite aus einer Kupferzinnlegierung mit $\approx 6\%$ Sn und einer *Vickers*härte von 160 HV
Rd 50 E-Cu 99,9 gb	Rundstab mit 50 mm Durchmesser aus sauerstoffhaltigem Elektrolytkupfer mit höchstens 1% Verunreinigung, Oberfläche gebeizt
Al 99,95 R	Reinstaluminium mit höchstens 0,05% Begleitelementen
Al 99,5	Rein- oder Hüttenaluminium mit höchstens 0,5% Begleitelementen

■ Ü. 4.11 bis 4.13

5
Korrosion und Korrosionsschutz

5.1. Deutung wichtiger Begriffe und volkswirtschaftliche Bedeutung der Korrosionsschäden und des Korrosionsschutzes

Zielstellung

Auf dem Gebiet der Korrosion und des Korrosionsschutzes werden eine Reihe definierter Begriffe verwendet. Die Kenntnis der Definition dieser Begriffe ist Voraussetzung für das Verständnis von Korrosionsproblemen und für das Studium der einschlägigen Literatur.
Anhand einiger Fakten und Zahlen sollen Sie erkennen, daß die wirkungsvolle Bekämpfung der Korrosionsschäden eine bedeutende ökonomische Aufgabe darstellt. Jede Werkstoffwahl und jede konstruktive Lösung muß in Zusammenhang mit möglichen Korrosionserscheinungen und deren Verhinderung gesehen werden.

5.1.1. Definition und Erläuterung wichtiger Begriffe

Alle metallischen und nichtmetallischen Werkstoffe sind bei ihrem Einsatz schädigenden Faktoren ausgesetzt. Nach der Art der werkstoffzerstörenden Einflüsse unterscheidet man

— mechanische, chemische und elektrochemische *Abnutzung* und
— mechanische und/oder thermische *Überbeanspruchung*.

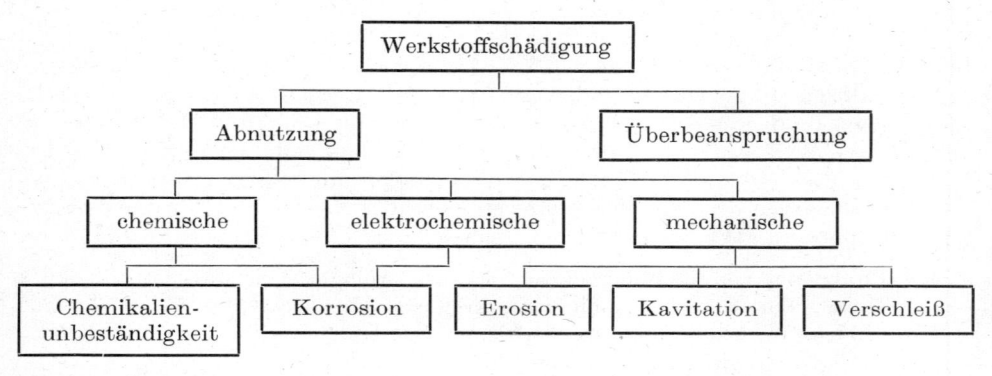

Bild 5.1. Überblick über die wichtigsten werkstoffschädigenden Einflußfaktoren

Im Bild 5.1 sind die wichtigsten werkstoffschädigenden Faktoren schematisch zusammengefaßt. Da wir uns in den folgenden Abschnitten mit der Abnutzung von Werkstoffen durch chemische, elektrochemische und mechanische Einflüsse befassen, sollen zuerst die Begriffe Korrosion, Erosion und Kavitation in Anlehnung an die TGL 18 701 erläutert werden.

Korrosion ist die von der Oberfläche ausgehende unerwünschte Zerstörung von Werkstoffen durch chemische oder elektrochemische Reaktion mit ihrer Umgebung.

Bei der Korrosion handelt es sich also um Grenzflächenreaktionen zwischen den Phasen fest/gasförmig oder fest/flüssig. Mit *Chemikalienunbeständigkeit* (Medienunbeständigkeit) bezeichnet man die Zerstörung nichtmetallischer Werkstoffe, die in den üblichen Korrosionsbegriff nicht einbezogen werden, wie z. B. der Lösungsmittelangriff bei Plasten.

Erosion ist die von der Oberfläche ausgehende Zerstörung von Werkstoffen durch mechanische Wirkung, vor allem bedingt durch Festkörperteilchen enthaltende strömende Gase, Dämpfe oder Flüssigkeiten oder durch Flüssigkeitsteilchen enthaltende strömende Gase oder Dämpfe.

Die Erscheinung der *Kavitation* läßt sich nicht so exakt definieren. Nach TGL 18 701 versteht man darunter eine Werkstoffzerstörung durch Hohlraumbildung, die bei der Entgasung oder Dampfbildung in strömenden Flüssigkeiten infolge Absinkens des Druckes auftritt (die Wirkung wird auch als Hohlsog bezeichnet).
Verschleiß ist kein Oberbegriff der Korrosion, wie er oft angewendet wird, sondern die unerwünschte Veränderung der Werkstoffoberfläche durch Lostrennen kleiner Teilchen infolge mechanischer Ursachen.
In der Praxis wirken häufig mehrere der im Bild 5.1 aufgeführten Faktoren gleichzeitig auf den Werkstoff ein. Eine eindeutige Einordnung und Feststellung der Ursache der Werkstoffzerstörung ist in diesen Fällen recht kompliziert. Aus diesem Grunde sollte auch der Begriff *Korrosionsschutz* nicht zu eng aufgefaßt werden. Es kann durchaus sein, daß durch eine Korrosionsschutzmethode auch die mechanische Abnutzung wesentlich zurückgedrängt wird und umgekehrt. Die enge Verknüpfung aller dieser Faktoren geht auch aus den Begriffen Erosionskorrosion, Kavitationskorrosion und Kavitationserosion hervor.

5.1.2. Volkswirtschaftliche Bedeutung der Korrosionsschäden und ihre Verhinderung

Die durch Korrosion hervorgerufenen Schäden sind erheblich. Viele Bauteile, besonders metallische Gegenstände und Konstruktionen, werden durch atmosphärische Einflüsse im Laufe der Zeit trotz Gegenmaßnahmen unbrauchbar. Dem Schutz der metallischen Werkstoffe vor Korrosion kommt also eine hohe volkswirtschaftliche Bedeutung zu. Zahlenmäßig lassen sich die Schäden nur schwer erfassen, da man sowohl die direkten wie die indirekten Kosten berücksichtigen muß. Zu den direkten Kosten gehören in erster Linie

— Ersatzinvestitionen für beschädigte Apparate, Anlagen u. a.,
— der Einsatz korrosionsbeständiger teurer Konstruktionswerkstoffe,
— Unterhaltungs-, Überwachungs- und Montagekosten,
— notwendige Sicherungsmaßnahmen,
— durch Korrosionsschäden verursachte Produktionsausfälle.

Ein Sprichwort sagt: »Was rostet, das kostet.« Wissenschaftler in vielen Ländern suchen deshalb nach wirkungsvollen Methoden und Verfahren des Korrosionsschutzes, besonders der Verhinderung des Rostvorganges bei Eisenwerkstoffen. Wie ökonomisch wichtig dieses Problem ist, geht aus folgendem neuerem Zahlenmaterial hervor. Nach Expertenschätzungen gehen beispielsweise in der VR Polen 600000 t Stahl je Jahr durch Korrosion verloren, und in Schweden werden jährlich Rostschäden mit 2 Md. Kronen veranschlagt. Die Korrosionsverluste in den USA werden mit 7 Md. Dollar je Jahr angegeben. Der Metallverlust in der UdSSR ist jährlich etwa so groß wie die gesamte Jahresproduktion an Stahl und Eisen in unserer Republik. Die jährlichen Korrosionsverluste in der DDR betragen heute bereits über 1 Md. Mark. Insgesamt rechnet man damit, daß etwa ein Drittel der jährlichen Weltstahl- und Eisenproduktion durch Korrosion wieder verlorengeht.

Diese immensen Schäden wären noch wesentlich größer, wenn man nicht riesige Summen für den Korrosionsschutz aufwenden würde. So sind in der DDR ständig etwa 40000 Arbeitskräfte damit beschäftigt, auf traditionelle Art gegen den Rost anzukämpfen, denn bis heute werden noch etwa 70% aller Metallwerkstoffoberflächen durch Anstrichstoffe geschützt. Neue Rostschutzverfahren, billigere korrosionsbeständige Werkstoffe, aber auch neue Konstruktionsformen sind deshalb nicht nur ein wissenschaftlich-technisches Problem, sondern eine volkswirtschaftliche Notwendigkeit. So ergaben Untersuchungen, daß die durch nicht korrosionsschutzgerechtes Projektieren und Konstruieren hervorgerufenen Schäden fast 90% der Gesamtschäden ausmachen.

Die Probleme der Korrosion und deren Verhinderung werden bei der Lösung ingenieurtechnischer Aufgaben immer stärker beachtet werden müssen. Eine wesentliche Rolle spielt dabei auch der Einsatz von Plasten in den verschiedensten Industriezweigen, denn diese hochpolymeren Werkstoffe bedürfen neben ihren vielen Vorteilen meist keines besonderen Oberflächenschutzes, da sie in hohem Maße korrosionsbeständig sind. Verstärkt werden wird auch der Einsatz von korrosionsbeständigem Glas und keramischen Werkstoffen sowie von plastbeschichteten Metallen. Zur Lösung dieser Aufgaben müssen aber gründliche Kenntnisse über die Korrosionsursachen und die grundsätzlichen Möglichkeiten des Korrosionsschutzes vorhanden sein.

5.2. Ursachen und Erscheinungsformen der Korrosion

Zielstellung

Korrosionserscheinungen haben ihre Ursachen in chemischen und elektrochemischen Prozessen, oft auch unter gleichzeitiger Einwirkung mechanischer Einflüsse, wobei sich in der Regel mehrere Vorgänge überlagern. Der Wirkungsmechanismus der Korrosion ist deshalb häufig kompliziert und bis heute noch nicht vollständig aufgeklärt. Die Kenntnis der unterschiedlichen Ursachen und Einflußfaktoren sowie ihr Zusammenwirken sollen Ihnen helfen, die vielfältigen Korrosionsarten und Erscheinungsformen in der Praxis zu erkennen und zu beurteilen.

5.2.1. Ursachen der Korrosion

Die häufigste Korrosionsursache ist der Werkstoffangriff durch einen elektrochemischen Vorgang. Dieser Prozeß wird häufig durch chemische Reaktionen oder biologische Vorgänge sowie durch mechanische Einflüsse überlagert. Zum Verständnis des komplexen Charakters der Korrosion werden in den folgenden Abschnitten die Korrosionsursachen getrennt erläutert.

5.2.1.1. Chemische Korrosion

Bei einer rein *chemischen Korrosion* laufen die Redoxvorgänge im atomaren Bereich in Abwesenheit eines Elektrolyten ab. Ein Elektronenfluß unterbleibt, da der Elektronenaustausch zwischen den beteiligten Reaktionspartnern direkt erfolgt.
Die chemische Korrosion tritt gegenüber der elektrochemischen Korrosion wesentlich seltener auf. Als Korrosionsmittel kommen meist trockene aggressive Gase, aber auch Säuren, Laugen, Salze und Dämpfe in Frage. Die wesentliche Rolle spielt aber der Sauerstoff, d. h. die Korrosion durch Oxydationsvorgänge.

▸ *Erläutern Sie, wie die chemische Korrosion von der Temperatur beeinflußt wird!*

Bereits bei Normaltemperaturen überziehen sich die meisten Metalle mit einer Oxidschicht. Selbst bei den Edelmetallen findet zumindest noch eine Sauerstoffadsorption an der Oberfläche statt. Bei einigen Metallen (z. B. Kupfer, Chrom, Nickel und Aluminium) wirkt die gebildete dünne Oxidschicht als Schutz vor weiterem Angriff des darunterliegenden Metalls. Die Witterungsbeständigkeit dieser Metalle ist technisch sehr bedeutungsvoll.

■ Ü. 5.1

Tabelle 5.1. Für die Praxis wichtige Fälle der chemischen Korrosion

Angriff durch gasförmige und nicht-wäßrige flüssige Korosionsmittel		Hochtemperaturkorrosion	
Korrosionsmittel	Erscheinung	Korrosionsmittel	Erscheinung
Luftsauerstoff	Zunderung und andere Oxydationsvorgänge	Druckwasserstoff	Entkohlung und Rißbildung
Heißdampf	Heißdampfoxydation und Dampfspaltung	Ammoniak Stickstoff	Nitrierung und Rißbildung
Schwefeldioxid Schwefeltrioxid Flugasche	Rauchgas-Korrosion	Kohlenmonoxid	Aufkohlung oder Carbonylbildung
Schmelzphasen mit Oxiden und Sulfaten	Ölaschen-Korrosion	Schwefelwasserstoff	Sulfidieren und Rißbildung

In Tabelle 5.1 wird Ihnen eine orientierende Übersicht über die für die Praxis wichtigsten Fälle der chemischen Korrosionserscheinungen gegeben.
Da bei Korrosionsvorgängen in der Atmosphäre und im Erdboden in der Regel Luft- und Bodenfeuchtigkeit einwirken, geht die chemische Korrosion oft unter Elektrolytbildung in die elektrochemische Korrosion über.

5.2.1.2. Elektrochemische Korrosion

Der Werkstoffangriff durch eine elektrochemische Korrosion kann unterschiedliche Ursachen haben:

— Bildung und Wirkung von *Korrosionselementen*,
— durch äußere Spannungsquellen erzwungene *Elektrolyse*.

▸ *Wiederholen Sie die Begriffe elektrochemische Spannungsreihe, galvanische Kette und Elektrolyse, die Ihnen im Lehrgebiet Chemie erklärt wurden!*

Korrosionselemente bestehen wie eine *galvanische Kette* aus Anode und Katode in Berührung mit einem Elektrolyten. *Anode* ist dabei der Oberflächenbereich eines Werkstoffes, von dem aus bei der Korrosion Metallionen in den Elektrolyten übertreten (Elektrode mit dem negativeren Potential). Als *Katode* fungiert der Oberflächenbereich, an dem die bei der Korrosion auftretenden freiwerdenden Elektronen von Elektronen-Akzeptoren im Elektrolyten z. B. von H^+-Ionen oder vom Sauerstoff aufgenommen werden (Elektrode mit dem positiveren Potential).

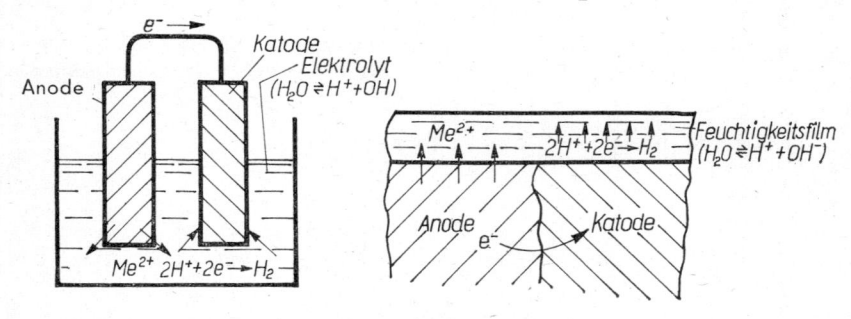

Anodenprozeß: $Me \rightarrow Me^{2+} + 2e^-$ (Metallauflösung)
Katodenprozeß: $2H^+ + 2e^- \rightarrow H_2$ (Wasserstoffentwicklung)

Bild 5.2. Vergleich zwischen galvanischer Kette und Korrosionselement

Der Vergleich von galvanischer Kette und Korrosionselement in Bild 5.2 zeigt, daß es sich um das gleiche elektrochemische Element mit gleichartigen Elektrodenprozessen handelt: — Anode/Elektrolyt (H^+)/Katode +.
Die Metallzerstörung findet also grundsätzlich in dem Werkstoffbereich mit dem elektronegativeren Potential (φ_A), d. h. an der Anode, statt, denn hier treten die Metallionen aus der Werkstoffoberfläche in die Lösung.

■ Ü. 5.2

Korrosionselemente treten häufig in Bereichen wertvoller Metallkonstruktionen (Bauteile der Elektrotechnik, Armaturen, Meßeinrichtungen u. ä.) auf, wo es zur Berührung von Metallen unterschiedlichen elektrochemischen Potentials kommt *(Kontaktkorrosion)*. Durch die Heterogenität vieler Metallwerkstoffe (z. B. Legierungen, Verunreinigungen, materielle Inhomogenitäten) kommt es bei Anwesenheit von Feuchtigkeit zur Bildung zahlreicher kleinflächiger Korrosionselemente, deren wirksame Elektrodenfläche unter 0,01 mm² liegt und die als *Lokalelemente* bezeichnet werden.

■ Ü. 5.3

5. Korrosion und Korrosionsschutz

Eine Korrosion unter Wasserstoffentwicklung findet vor allem bei Anwesenheit von Säuren statt. In neutralen belüfteten Elektrolyten, schwach sauren oder schwach alkalischen Lösungen sowie bei der üblichen atmosphärischen Korrosion verläuft der katodische Vorgang als Sauerstoffreduktion zu Hydroxidionen. Man unterscheidet deshalb häufig

— Wasserstoffkorrosionstyp und
— Sauerstoffkorrosionstyp.

Der Reaktionsmechanismus der *Wasserstoffkorrosion* wurde bereits im Bild 5.2 dargestellt. Dieser Korrosionstyp ist typisch für die Säurekorrosion in nichtoxydierenden Säuren mit bestimmter H^+-Konzentration (pH < 5) und erstreckt sich vorwiegend auf unedlere Werkstoffe bzw. Werkstoffbezirke. Die Korrosionsgeschwindigkeit hängt hierbei vor allem vom Werkstoffreinheitsgrad ab. Die Entladung von H^+ bzw. die Rekombination zu H_2 ist je nach Werkstoff und Milieu stärker gehemmt, was zu einer *Wasserstoffüberspannung* η_{H2} führt. Legierungskomponenten, Verunreinigungen und andere Werkstoffbereiche mit geringer Wasserstoffüberspannung fördern die Säurekorrosion von Metallen mit hoher Wasserstoffüberspannung.

▸ *Informieren Sie sich über die Ursachen und Auswirkungen der Wasserstoffüberspannung! Stellen Sie die technisch wichtigen Metalle mit hoher Wasserstoffüberspannung zusammen!*

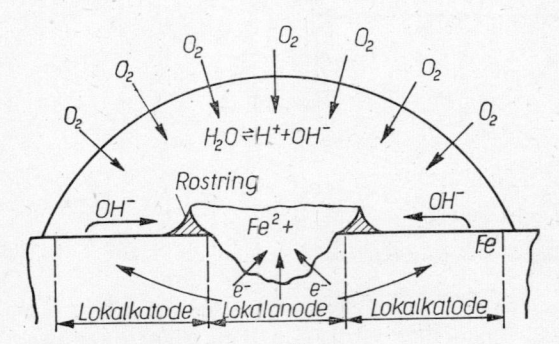

Anodenprozeß: $2Fe \rightarrow 2Fe^{2+} + 4e^-$
Katodenprozeß: $O_2 + 2H_2O + 4e^- \rightarrow 4OH^-$
Rostbildung: $Fe^{2+} + 2OH^- \rightarrow Fe(OH)_2 \rightarrow Rost$
               $(xFeO \cdot yFe_2O_3 \cdot 2H_2O)$

Bild 5.3. Sauerstoffkorrosion am Beispiel des *Evans*-Belüftungselementes

Die Sauerstoffkorrosion wird im Bild 5.3 am Tropfenkorrosionsmodell nach *Evans* dargestellt. Lokalelemente dieser Art treten überall dort auf, wo sich an Werkstoffoberflächen Ansammlungen von Tau- und Schwitzwasser mit unterschiedlicher Belüftung bilden *(Belüftungskorrosion)*.

Im Mittelpunkt des Tropfens, wo die Belüftung geringer ist, geht das Eisen anodisch als Fe^{2+} in Lösung, während am Rande Wasserstoffionen am Eisen entladen werden (Katode). Eine Polarisation der Katode, die den Vorgang zum Stillstand bringen würde, wird durch ständige Oxydation des Wasserstoffes mit dem gelösten Sauerstoff verhindert. Die Wasserstoffionenentladung führt zu einem Überschuß an OH^-, die mit den Fe^{2+} unter Sauerstoffeinfluß den Rostring bilden. Der Korrosionsvorgang in Belüftungselementen ist von folgenden Einflußfaktoren abhängig:

- Diffusion von Sauerstoff je nach Partialdruck, Temperatur und Strömungsgeschwindigkeit,
- Löslichkeit von Sauerstoff, abhängig von der Art der Lösung, Salzgehalt und Temperatur,
- Adsorption von Sauerstoff an Werkstoffoberflächen in Abhängigkeit von Partialdruck und Materialoberflächenzustand.

■ Ü. 5.4

Da bei *Belüftungselementen* in der Regel ein ungünstiges Flächenverhältnis Anode/Katode vorliegt, findet der anodische Angriff des Metalls mit hoher Stromdichte statt. Der Werkstoffangriff geht bevorzugt in die Tiefe und führt zu trichterförmigen Löchern. Diese Erscheinung der elektrochemischen Korrosion, als *Lochfraß* bezeichnet, kann auch bei der Wasserstoffkorrosion auftreten.

▶ *Überprüfen Sie, ob in den Korrosionsbeispielen der Ü. 5.2 Lochfraß auftreten kann!*

Die Hauptursache der elektrochemischen Korrosion ist also die Bildung und Wirkung von Lokalelementen. Zur Beurteilung eines Korrosionsproblems muß man die Möglichkeiten der Entstehungsbedingungen kennen. Die wesentlichen Ursachen der Lokalelementbildung sind zu Ihrer Information in Tabelle 5.2 zusammengefaßt.

■ Ü. 5.5

Tabelle 5.2. Hauptfaktoren für Lokalelementbildung

Werkstoffeinflüsse	Verunreinigungen der Oberfläche (Fremdmetallteilchen, Oxide)
	verschiedene Legierungskomponenten oder Phasen im Gefüge
	Potentialdifferenzen an den Korngrenzen
	Art der Oberflächenbeschaffenheit
	Verarbeitungszustand (Spannungszonen)
Elektrolyteinflüsse	Konzentrationsunterschiede
	Belüftungsunterschiede
	Temperaturdifferenzen
	Unterschiede im pH-Wert
	strömungsbedingte Potentialdifferenzen
Umwelteinflüsse	Belüftung, Luftfeuchte
	mechanische Spannungen
	Schwingungen
	Streuströme
	Strahlung

Die Triebkraft für den Ablauf einer chemischen Reaktion, auch das Korrosionsbestreben der Metalle, wird durch die Änderung der freien Enthalpie ΔG quantitativ ausgedrückt. Korrosion ist möglich, wenn sie mit einer Abnahme der freien Enthalpie verbunden ist. Die Änderung der freien Enthalpie ΔG ergibt sich aus der *Zellspannung E* des Korrosionselementes nach

$$\Delta G = n\,F\,E.$$

Das Ergebnis liegt in Joule vor, wenn E in Volt, die *Faraday*sche Konstante F in As und für n die elektrochemische Wertigkeit des Vorganges eingesetzt wird.
Diese thermodynamischen Überlegungen machen keine Aussage über die *Korrosionsgeschwindigkeit*, von der die Stärke des Korrosionsangriffs wesentlich abhängt.

Die Korrosionsgeschwindigkeit steigt mit der Zellspannung des Korrosionselementes, dem Dissoziationsgrad des Elektrolyten, der Temperatur und dem Flächenverhältnis Katode/Anode. Die Korrosionsgeschwindigkeit kann stark herabgesetzt werden durch eine Deckschichtenbildung an der Werkstoffoberfläche und durch eine hohe Wasserstoffüberspannung in den katodischen Werkstoffbezirken.

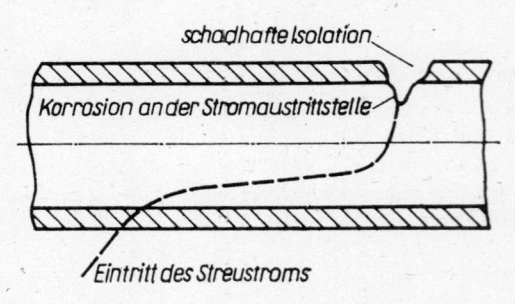

Bild 5.4. Streustromkorrosion an einem Metallrohr im Erdboden

Werkstoffzerstörungen durch Elektrolyse werden als *Streustrom-* oder *Fremdstromkorrosion* (Bild 5.4) bezeichnet. Die Ursache hierfür sind schwer zu kontrollierende Gleichstromeinwirkungen von elektrischen Bahnen, Krananlagen, Elektromotoren, Elektroschweißanlagen (Kabel), Erdungsleitungen (unter Spannung) und Elektrolyseanlagen. Die Metallauflösung erfolgt an der Stromaustrittsstelle Metall/Elektrolyt, also häufig an den Stellen schlechter Isolierung. Streuströme von 100 A sind keine Seltenheit. Der anodische Metallabtrag ist der Stromstärke proportional und beträgt je Ampere und Jahr z. B. bei Eisen 9 kg, Zink 11 kg und Blei 34 kg.

5.2.1.3. Biokorrosion

Korrosionsschäden an erdverlegten Werkstoffen, z. B. Rohre und Kabel, können durch das Einwirken von Mikroorganismen entstehen. Der korrosive Prozeß erfolgt durch Sulfatreduktionsbakterien. Letztere reduzieren vorhandenes Sulfat in Anwesenheit von Wasser bei gleichzeitiger Erniedrigung des pH-Wertes durch H_2SO_4. Selbst in Treibstoffen wie Öl und Benzin wirken sich Spuren von Wasser so aus, daß sich Mikroben entwickeln können, die das elektrochemische Gleichgewicht stören. Dadurch kann eine elektrochemische Reaktion ablaufen, wobei der freiwerdende Sauerstoff die Oxydation ermöglicht. Die Folge dieser Vorgänge sind narbenartige Vertiefungen an der Werkstoffoberfläche.

5.2.1.4. Korrosion durch Zusammenwirkung chemisch-elektrochemischer und mechanischer Einflüsse

Häufig wird das Ausmaß eines Werkstoffangriffs noch verschärft, wenn *mechanische Kräfte* als korrosionsverstärkende Faktoren einwirken. Einmal kann der Werkstoff durch mechanische Einflüsse beschädigt werden, was einen elektrochemischen Angriff nach sich zieht. Andererseits können mechanische Schädigungen durch elektrochemische Vorgänge abgelöst und dann durch mechanische Einflüsse weiter gefördert werden. Hinzu kommt, daß das Potential φ eines Werkstoffbezirks durch mechanische Spannungen stets negativer wird.

In Tabelle 5.3 sind die wichtigsten Korrosionserscheinungen mit zusätzlichem mechanischem Einfluß und ihre Ursachen zusammengestellt. Es handelt sich dabei in der Regel um kombinierte Angriffe chemischer, elektrochemischer und mechanischer Vorgänge.

Tabelle 5.3. Elektrochemische Korrosion mit zusätzlichem Einfluß

Korrosionserscheinung	Wirkende mechanische Kräfte
Spannungsrißkorrosion	äußere oder innere Zugspannungen
Schwingungsrißkorrosion	mechanische Schwingungen
Reibungskorrosion	Reibung zwischen zwei dicht aufeinanderliegenden Flächen
Erosionskorrosion	mechanischer Abrieb durch Festkörperteilchen im Korrosionsmedium
Kavitationskorrosion	Aushöhlung durch Druckstöße durch Bildung und Einsturz von Dampfblasen

5.2.2. Erscheinungsformen der Korrosion

Die unterschiedlichen Korrosionsursachen und Einflußfaktoren führen bei den verschiedenen Werkstoffen zu vielfältigen Erscheinungsformen in der Praxis. Die häufigsten Korrosionsarten sollen im folgenden erläutert werden.

- *Ebenmäßige Korrosion*

Diese Form der Korrosion tritt in der Praxis am häufigsten auf. Sie ist aber die ungefährlichste Erscheinungsform, da hierbei der Werkstoff annähernd parallel zur Oberfläche abgetragen wird, auch wenn sich die Korrosionsgeschwindigkeit mit der Zeit ändern sollte. Der *Oberflächenangriff* ist um so stärker, je rauher diese ist. Da der auftretende Substanzverlust über die Oberfläche gleichmäßig verteilt ist, läßt sich die Querschnittsminderung leicht überwachen und konstruktiv berücksichtigen. Ein ebenmäßiger Angriff tritt nicht nur in wäßrigen Lösungen, sondern auch bei Gasen und Schmelzen auf.

Bei einer ebenmäßigen Korrosion mit zeitlich konstanter Geschwindigkeit läßt sich die Lebensdauer einer Anlage oder eines Aggregates vorausberechnen, wenn die *analytische Einheit* in g m^{-2} d^{-1} oder die konstruktive Einheit in mm a^{-1} der Korrosionsgeschwindigkeit bekannt ist.

▸ *Informieren Sie sich über die Bestimmungsmöglichkeiten der Korrosionskennziffern nach TGL 18751 bis 18755!*

Die ebenmäßige Korrosion kann also durch Zugabe für die Wanddicke im Hinblick auf Sicherheit und Lebensdauer von Anlagen beherrscht werden, sofern kein zusätzlicher lokaler Oberflächenangriff (Lochfraß) erfolgt.

- *Lochfraßkorrosion*

Es wurde bereits erläutert, daß die Ursachen für einen lokalen Oberflächenangriff sehr vielfältig sein können. Eine sehr gefährliche Erscheinungsform ist der *Lochfraß*, der zu kraterförmigen, unterhöhlenden und nadelstichartigen Vertiefungen und im Endeffekt z. B. zur Durchlöcherung von Rohren und Behälterwandungen führt. Der lokale Angriff beginnt mit einer Punkt- oder Grübchenbildung, sogenannter »pits«. Dieser Vorgang wird als »pitting« bezeichnet. Die wichtigsten Ursachen für den Lochfraß sind:

- eine inhomogene Werkstoffoberfläche bezüglich der chemischen Zusammensetzung,
- Potentialunterschiede von Werkstoffbezirken durch eine vorangegangene Forschung,
- eine örtliche Beschädigung von Passivschichten.

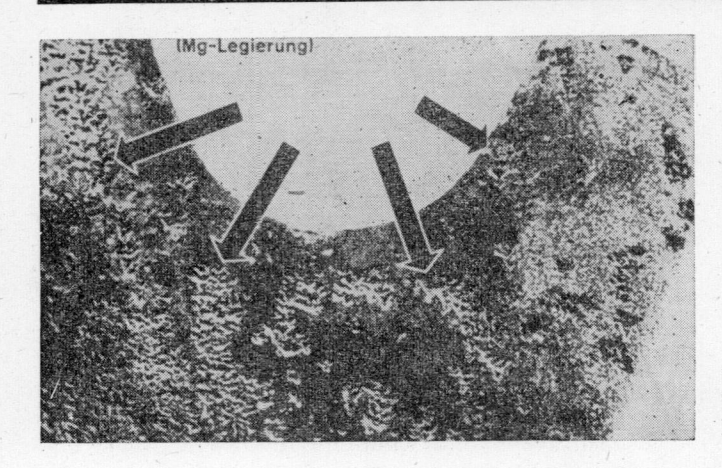

Bild 5.5. Lochfraß-
korrosion an einer
Magnesiumlegierung [7]

Der Lochfraß tritt bevorzugt an Werkstoffen mit passiver Deckschicht durch Chloridionen auf, da diese die Passivschicht durchbrechen. In den »pits« wirkt eine erhöhte Chloridionenkonzentration, so daß trotz einer passiven Hauptfläche lokale aktive Bereiche existieren können.
Im Bild 5.5 sind die kraterförmigen Lochfraßstellen auf dem dunklen Werkstück einer Mg-Legierung gut zu erkennen, die durch Chlorideinwirkung auf die passive Deckschicht, in diesem Falle Magnesiumoxid, entstanden sind.
Die Anfälligkeit eines Werkstoffes gegenüber Lochfraß kann man durch Verminderung der Chloridkonzentration, Senken der Temperatur, Erhöhung des pH-Wertes und Steigerung der Strömungsgeschwindigkeit des korrodierenden Mediums herabsetzen.
Das Auftreten von Lochfraß an nichtpassiven Metallen kann man in den meisten Fällen auf die Herausbildung von Belüftungselementen zurückführen.

- *Kontaktkorrosion*

Zur Kontaktkorrosion kommt es bei der Berührung zweier metallisch blanker Werkstoffe bei Anwesenheit eines Elektrolyten. Die Ursache und Einflußfaktoren wurden bereits erläutert.
Die Kontaktkorrosion kann im wesentlichen durch folgende Maßnahmen verhindert werden:

1. Bei Metallkombinationen sollten Werkstoffe von nahezu gleichem Potential gewählt werden, soweit das konstruktiv möglich ist.
2. Die als Anode fungierenden Metallteile sollten stärker sein, um die anodischen Verluste auszugleichen.
3. Wahl eines möglichst großen Oberflächenverhältnisses Anode/Katode, wenn es die konstruktiven Gegebenheiten erlauben.
4. Isolation der Kontaktstelle von Metallverbindungen durch Nichtleiter (Plaste, Elastvulkanisate u. ä.).

▶ *Nennen Sie Beispiele, wie durch Metallüberzüge eine Kontaktkorrosion verhindert werden kann!*

- *Interkristalline Korrosion*

Diese Korrosionserscheinung tritt entlang den Korngrenzen auf und zeigt meist keine sichtbaren Korrosionsprodukte. Man spricht deshalb auch hierbei treffend von *Korngrenzenkorrosion* oder *Kornzerfall*. Zur interkristallinen Korrosion neigen besonders passivierbare und schutzschichtbildende Metalle und Legierungen, bei denen Phasenausscheidungen (besonders an den Kristallitkorngrenzen) mit positiverem Potential auftreten. Der Kornzerfall wird durch ins Innere führende Mikrorisse ausgelöst, und der Werkstoff wird dann unter Einwirkung von oft nur schwachen Korrosionsmitteln durch Mikrorisse und Brüche zerstört.

So sind beispielsweise die rost- und säurebeständigen CrNi-Stähle nach bestimmten Wärmebehandlungen (z. B. längere thermische Belastung bei 400 bis 850 °C beim Schweißen, Biegen oder Richten) sehr anfällig für die interkristalline Korrosion. Die Ursache hierfür ist eine Ausscheidung von Chromcarbiden an den Korngrenzen mit Chromverarmung (Phase mit negativerem Potential). Diese Carbidausscheidungen in zusammenhängender Form heben also die Passivität des Stahles unmittelbar neben den Korngrenzen auf.

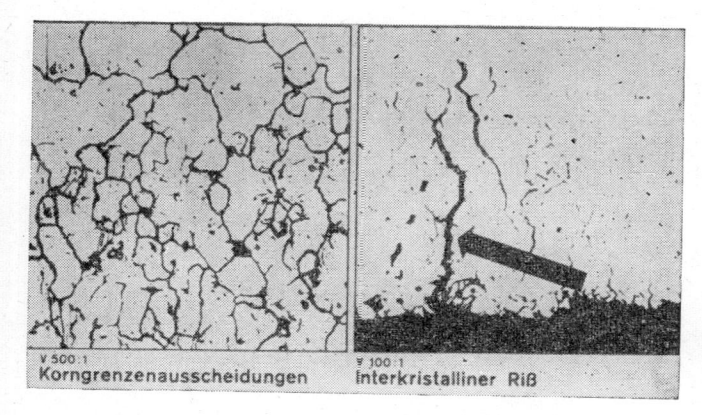

Bild 5.6. Interkristalline Korrosion bei CrNi-Stahl [7]

Die Gefügeaufnahmen im Bild 5.6 zeigen die Korngrenzenausscheidungen bei starker Vergrößerung und einen interkristallinen Riß in thermisch beanspruchtem austenitischem CrNi-Stahl.

- *Selektive Korrosion*

Bei dieser Korrosionserscheinung werden bestimmte Gefügebestandteile bevorzugt angegriffen und herausgelöst, wobei immer die Komponente mit dem positiveren Potential zurückbleibt. Die selektive Korrosion wirkt auch im Innern des Werkstoffs. Bekannte Erscheinungen der selektiven Korrosion sind die Entzinkung von Messing (Auflösung der β-Mischkristalle) und *Spongiose* bei GGL (Auflösung des Ferrit- und Perlitanteils). Von Spongiose befallene Gußstücke haben ihre Festigkeit und Härte völlig verloren. Dabei zeigt die Oberfläche häufig nur wenige lokale narbenartige Angriffe, während das Werkstück bereits vollständig zerstört ist.

- *Spannungsrißkorrosion*

Die Spannungsrißkorrosion gehört bei vielen Werkstoffen zu den gefährlichsten Erscheinungsformen. Das charakteristische Kennzeichen sind viele stark verästelte Risse quer durch das Korngefüge (*transkristalline Spannungsrißkorrosion*) oder entlang den Korngrenzen (*interkristalline Spannungsrißkorrosion*). Beide Rißarten können auch gleichzeitig auftreten. Das Aufreißen des Werkstoffes bzw. der Trennbruch erfolgt in der Regel senkrecht zur Hauptspannungsrichtung und führt zu unvorhergesehenen Havarien. Etwa ein Drittel aller Korrosionsschäden in der chemischen Industrie sind auf Spannungsrißkorrosion zurückzuführen.

Die Spannungsrißkorrosion tritt nur auf, wenn folgende Bedingungen gegeben sind:

1. Das Vorhandensein von Zugspannungen bestimmter Größenordnung; in Frage kommen sowohl äußere konstruktionsbedingte Spannungen als auch innere Spannungen, z. B. als Folgeerscheinung von Schweißvorgängen oder lokalen Kaltverformungen.
2. Der Werkstoff muß sich in einem kritischen Gefügezustand befinden. Bei Stählen kann die Zerfallsneigung des Austenits oder die Übersättigung an Kohlenstoff die Ursache sein.
3. Die Einwirkung eines selektiv wirkenden Korrosionsmittels auf den Werkstoff; hierfür kommen schwach saure bis alkalische Lösungen in Frage, besonders wenn Cl^-- bzw. NO_3^--Ionen anwesend sind.

Eine Spannungsrißkorrosion kann verhindert werden, wenn einer der drei genannten Faktoren beseitigt wird.

▸ *Bei welchen Stählen wird eine Spannungsrißkorrosion praktisch nicht auftreten?*

Da die beiden zuletzt genannten Bedingungen bei einem Korrosionsfall meist vorgegeben und damit nicht abstellbar sind, müssen Spannungen im Werkstoff vermieden werden. So müssen beispielsweise geschweißte oder kaltgeformte Teile spannungsarm geglüht werden.

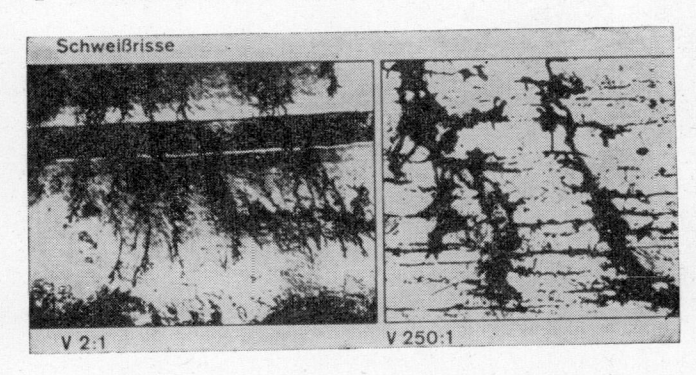

Bild 5.7. Transkristalline Spannungsrißkorrosion bei geschweißtem austenitischem Stahl [7]

Bild 5.7 zeigt ein Beispiel für das zur Zeit häufigste Auftreten von transkristalliner Spannungsrißkorrosion bei rost- und säurefesten Stählen durch Chloridioneneinfluß. Bekanntlich bewirken Cl^--Ionen eine Teilzerstörung oberflächlicher Schutzschichten z. B. von Passivfilmen. Die als Folge auftretenden elektrochemischen Vorgänge der lokalen Aktivierung verursachen die primären Mikrorisse im Werkstoff, die sich unter Spannungseinflüssen dann schnell ausbreiten.

Bei unlegierten oder schwachlegierten Stählen, besonders bei kaltgewalzten Kohlenstoffstählen, tritt unter dem Einfluß stärkerer Alkalien eine sogenannte *Laugenrißkorrosion* auf. Die *Laugenbrüchigkeit*, die durch oxydierende Stoffe, wie Nitrate, verstärkt wird, ist eine Art der interkristallinen Spannungsrißkorrosion.

• *Schwingungsrißkorrosion*

Eine Schwingungsrißkorrosion geht zuerst von »pits« aus; durch die Erhöhung der Spannungen im Korbgrund infolge schwingender mechanischer Beanspruchung kommt es später zum Schwingungsriß.

Diese Korrosionserscheinung kann bei jedem Werkstoff und in jedem Korrosionsmedium, oft unabhängig von der Art des Korrosionsmittels, der Temperatur und dem pH-Wert, auftreten. Die Anfälligkeit der Werkstoffe gegen Schwingungsrißkorrosion ist meist bei geringen Schwingungsfrequenzen größer als im Gebiet schneller Lastwechsel. Bei passiven Werkstoffen, deren Oberfläche praktisch unverändert bleibt, tritt häufig im Gegensatz zum aktiven Werkstoffzustand nur ein Anriß auf, der dann zum Bruch des Werkstücks führt.

- *Erosions- und Kavitationskorrosion*

Bei diesen Erscheinungsformen handelt es sich um kombinierte Metallangriffe, die sich aber nicht additiv aus den einzelnen Einflüssen zusammensetzen.
Bei der *Erosionskorrosion* erfolgt ein mechanischer oberflächiger Angriff durch schnellströmende Zweiphasengemische, z. B. Festkörperteilchen enthaltende Gase, Dämpfe oder Flüssigkeiten, und zusätzlich ein elektrochemischer Vorgang. Durch die Erosion wird die Oberfläche aufgerauht, so daß die Korrosion an einer vergrößerten Oberfläche ablaufen kann.

▶ *Wie werden sich passive Werkstoffe mit Schutzschichtbildung gegenüber Erosionskorrosion verhalten?*

Eine sehr ähnliche Erscheinungsform ist die *Kavitationskorrosion*. Hierbei erfolgt eine mechanische Aushöhlung von Werkstoffoberflächen bei Strömungs-, Schwingungs- und Siedevorgängen mit Bildung und Einsturz von Dampfblasen. Die angegriffene Oberfläche ist dann zusätzlich einem starken elektrochemischen Angriff unterworfen. Bild 5.8 zeigt einen Fall der Kavitationskorrosion aus der chemischen

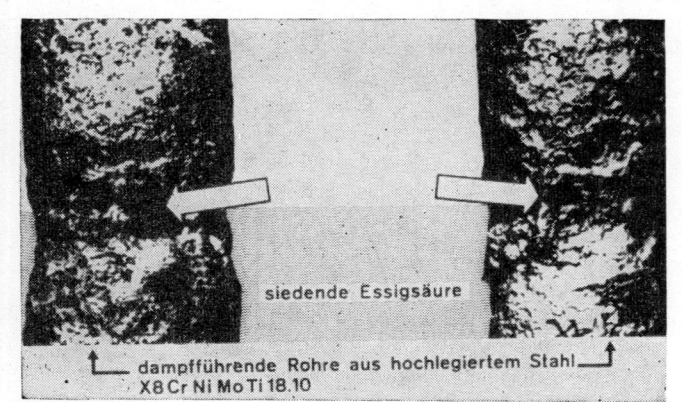

Bild 5.8. Kavitationskorrosion [7]

Industrie. Durch die Stoßverdampfung der siedenden Essigsäure mit starker Schlagwirkung der einstürzenden Dampfblasen wird auch ein hochlegierter Edelstahl unter Aushöhlung der Passivschicht angegriffen. Kavitation tritt außerdem an Maschinenteilen auf, die in Flüssigkeiten schnell rotieren, wie z. B. bei Laufrädern von Kreiselpumpen, Turbinenläufern und Schiffsschrauben. Durch eine richtige Auslegung der Aggregate und durch richtige Werkstoffauswahl läßt sich die Wirkung der Kavitationskorrosion verringern.
Aus der kurzen Darstellung der wichtigsten Korrosionsarten können Sie entnehmen, daß die vielfältigen Ursachen und Einflußfaktoren sowie ihr Zusammenwirken zu den verschiedenartigsten Korrosionserscheinungen führen.

■ Ü. 5.6

Über weitere seltener auftretende Erscheinungsformen der Korrosion sollte man sich gegebenenfalls in der Fachliteratur informieren.

5.3. Methoden des Korrosionsschutzes

Zielstellung

Eine Übersicht über die wichtigsten Korrosionsschutzmaßnahmen gibt Ihnen der folgende Abschnitt. Die zweckmäßige Auswahl und Anwendung von geeigneten Korrosionsschutzmethoden und deren zielgerichtete Weiterentwicklung ist eine volkswirtschaftliche Notwendigkeit. Dabei spielen in der Praxis der passive Korrosionsschutz und die entsprechenden Oberflächenvorbehandlungsverfahren die entscheidende Rolle. Der Abschnitt 5.3. will Ihnen ein Überblickswissen vermitteln, mit dem Sie unter Verwendung spezieller Literatur Korrosionsschutzfragen beurteilen und lösen können.

5.3.1. Bedeutung und Übersicht

Die Notwendigkeit des Korrosionsschutzes und die ökonomischen Aspekte wurden Ihnen bereits im Abschnitt 5.1.2. verdeutlicht. Die Methoden des Korrosionsschutzes sind sehr vielfältig. Man unterscheidet deshalb folgende grundsätzliche Schutzmaßnahmen:

— Korrosionsschutzgerechte Gestaltung von Erzeugnissen,
— Schutzmaßnahmen am Werkstoff,
— Schutzmaßnahmen am angreifenden Medium,
— Schutz durch Kompensieren der freien Energie.

Anlage 5.2 gibt Ihnen einen orientierenden Überblick über die wichtigsten Methoden und Verfahren des Korrosionsschutzes. Häufig unterscheidet man auch zwischen aktivem und passivem Korrosionsschutz.

Beim aktiven Korrosionsschutz greift das Schutzverfahren aktiv in die Korrosionsvorgänge ein. Beim passiven Korrosionsschutz wird die Metallauflösungsreaktion durch Deckschichten unterbunden.

Die Methoden des passiven Korrosionsschutzes nehmen in der Praxis den breitesten Raum ein.

■ Ü. 5.7

Dabei kommt aber der *Oberflächenvorbehandlung* in Form chemischer oder mechanischer Verfahren eine ausschlaggebende Bedeutung zu. Fehler bei der Oberflächenreinigung verringern die Lebensdauer und Qualität von Schutzüberzügen erheblich.

■ Ü. 5.8

5.3.2. Korrosionsschutz durch zweckentsprechende Werkstoffauswahl, Konstruktion und Verpackung

Korrosionsverluste werden klein gehalten, wenn bei der Projektierung und Konstruktion von Anlagen, Vorrichtungen, Apparaten u. ä. bereits eine entsprechende Werkstoffauswahl, eine korrosionsschutzgerechte Konstruktion und eine sorg-

Methoden des Korrosionsschutzes 5.3.

fältige Fertigung berücksichtigt werden. Auch der zeitweilige Schutz beim Transport und bei der Lagerung verdient eine stärkere Beachtung. Die Grundsätze dieser Schutzmaßnahmen werden im folgenden erläutert.

- *Einsatz korrosionsfester Werkstoffe*

Bei der Werkstoffauswahl müssen grundsätzlich die ungünstigsten Einflüsse und Betriebsbedingungen berücksichtigt werden. Außerdem muß berücksichtigt werden, daß die Eigenschaften sowohl von den physikalisch-chemischen Eigenschaften des Grundwerkstoffes als auch von der Art der Ver- und Bearbeitung abhängen.

Absolut *korrosionsfeste Metalle* oder Legierungen gibt es nicht. Man kennt lediglich korrosionssichere Werkstoffe, die gegenüber bestimmten angreifenden Medien beständig sind. Dabei handelt es sich meist um hochwertige Legierungen, deren Einsatz aus ökonomischen Gründen nur für besonders funktionswichtige Teile oder Anlagen in Frage kommt. Dazu gehören beispielsweise die nichtrostenden und säurebeständigen CrNi-Stähle mit 18% Cr und 8% Ni (z. B. X12CrNi18.8) oder die Cu-Cr-P-legierten korrosionsträgen Baustähle (z. B. KT 52-3), die eine beständige Passivschicht ausbilden. Diese Aufzählung ließe sich beliebig erweitern. In vielen Fällen lassen sich aber die Probleme auch mit billigeren Werkstoffen in Verbindung mit einer geeigneten Schutzschicht lösen. Gerade bei der Werkstoffauswahl trägt der Ingenieur eine große ökonomische Verantwortung.

- *Korrosionsschutzgerechte Konstruktion*

Besonders Erzeugnisse aus nicht korrosionsbeständigen metallischen Werkstoffen müssen gegen Korrosionsschäden geschützt werden. Für eine korrosionsschutzgerechte Gestaltung ergeben sich ganz konstruktive Forderungen:

1. Bei Verbundbauweise muß eine mögliche Kontaktkorrosion verhindert werden.

    ▸ *Die Forderung ist $E \leq 0{,}5$ V. Welche Folgerungen ergeben sich daraus?*

2. Die zu schützenden Oberflächen sind klein zu halten, und der notwendige Korrosionsschutz muß sich ohne Nacharbeit oder konstruktive Änderung aufbringen lassen.
3. Zu vermeiden sind eine starke Profilierung, waagerechte Flächen, Spalte, Stäbe und Verbindungselemente. Freie Schnittkanten an Blechen und Profilen sind zu brechen ($r = 3$ mm).
4. Profile dürfen nicht in Richtung der korrosiven Beanspruchung offen sein. Rohrkonstruktionen sind Profilkonstruktionen vorzuziehen.
5. Bei Verbindungen ist Schweißen oder Kleben dem Nieten oder Verschrauben vorzuziehen.

Die allgemeinen konstruktiven Forderungen für eine korrosionsschutzgerechte Gestaltung sind ausführlich im DDR-Standard TGL 18 703/01 festgelegt.

- *Temporäre Korrosionsschutzmittel*

Zur Verbesserung des Korrosionsschutzes muß auch der zeitweilige Schutz von Werkstücken und Konstruktionen beim Transport oder bei Lagerung beachtet werden. An ein *temporäres Korrosionsschutzmittel* werden folgende Forderungen gestellt:

1. einwandfreie Schutzwirkung für eine begrenzte Zeit,
2. Möglichkeit des Auftragens durch Tauchen oder Spritzen,
3. einfache Handhabung des Entfernens bei Einsatz oder Weiterverarbeitung.

Tabelle 5.4. Temporäre Korrosionsschutzmittel

Grundtyp	Beispiele
Weichfilmbildner	Rostschutzöle, Rostschutzfette, Wachse und Wachsemulsionen
Hartfilmbildner	Spirituslacke, Öllacke, Ölfarben, Nitrolacke, Kunstharzlacke
abreißbare Filme	Ethylcellulose, Acetylcellulose
Passivierungsmittel	Dicyclohexaminnitrit (Dichan)

Tabelle 5.4 erfaßt die wichtigsten Gruppen der temporären Korrosionsschutzmittel. Die Schutzwirkung wird also entweder durch eine Oberflächenbedeckung oder durch die Schaffung einer indifferenten Atmosphäre erreicht. Von den schutzschichtbildenden Mitteln werden vorzugsweise Fette, Wachse und Wachsemulsionen verwendet. Die Schutzqualität und -zeit von Rostschutzölen ist wegen ihrer geringen Filmdicke und Viskosität wesentlich niedriger. Die abziehbaren Lacke und die organisch-chemischen Passivierungsmittel sind nur in Sonderfällen einsetzbar.

5.3.3. Korrosionsschutz durch nichtmetallische Überzüge

Die nichtmetallischen Überzüge spielen im praktischen Korrosionsschutz eine sehr wesentliche Rolle. Dazu gehören sowohl die Oberflächenbehandlungsverfahren wie chemisches Passivieren, Oxidieren und Phosphatieren als auch der Werkstoffschutz durch Anstriche und Plast- bzw. Elastüberzüge.

5.3.3.1. Passivierung der Metalle

Bei hohen anodischen Stromdichten oder in stark oxidierenden Elektrolyten entstehen auf Metalloberflächen nahezu porenfreie, festhaftende *Passivschichten*, die die Korrosion hemmen oder vollständig verhindern. Alle Metalle lassen sich mehr oder weniger leicht passivieren. Diese Passivfilme sind allerdings meist mechanisch nicht stabil und bieten keinen dauerhaften Korrosionsschutz.

Eisen weist unter normalen Bedingungen nur eine geringe Passivität auf, wodurch es sehr stark der Korrosion unterliegt. Um festzustellen, unter welchen Bedingungen das Eisen passiv wird, kann eine *Stromdichte-Potential-Kurve* aufgenommen werden, wie sie im Bild 5.9 dargestellt ist. Zu diesem Zweck wird eine Eisen-Anode zusammen mit einer Platin-Katode in einen Elektrolyten gebracht und an eine Gleichspannungsquelle (Potentiostat) angeschlossen. Bei geringen Spannungen geht das Eisen anodisch in Lösung, während sich an der Katode Wasserstoff entwickelt. Mit steigendem Potential wird die Stromdichte größer; die Metallauflösung verläuft mit großer Geschwindigkeit. Oberhalb eines bestimmten Potentials (*Passivierungspotential*) nimmt die Stromdichte sprunghaft ab und weist nur noch einen geringen Wert auf (*Passivstromdichte*). Es findet also ein Übergang vom aktiven in den passiven Zustand statt. Die Ursache für diese Hemmung der Metallauflösung ist die Ausbildung eines oxidischen Passivfilms mit hohem elektrischem Widerstand. Unterschreitet man bei fallender Spannung das sogenannte *Aktivierungspotential* (*Flade-Potential*), so wird die Passivschicht aufgelöst und das Eisen erneut angegriffen.

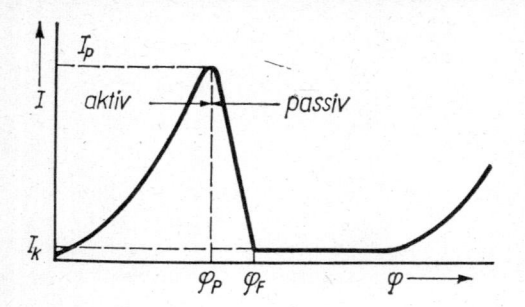

Bild 5.9. Stromdichte-Potential-Kurve eines passivierbaren Metalls
φ_P Passivierungspotential
φ_F Flade-Potential
I_P Passivierungsstromdichte
I_K Korrosionsstromdichte (Passivstromdichte)

▶ *Wie läßt sich der Anstieg der I-φ-Kurve bei höheren Potentialen erklären?*

Das Flade-Potential ist stark vom pH-Wert des Elektrolyten abhängig. Die Dicke der unsichtbaren Passivschicht reicht von einer monomolekularen Bedeckung mit Sauerstoff bis zu 10^{-5} cm. Von Chloridionen wird der Passivfilm zerstört (Lochfraß). Eine Passivierung des Eisens findet auch in stark oxydierenden Elektrolyten statt. Taucht man z. B. das Metall in konzentrierte Salpetersäure, so erfolgt nur eine kurzzeitige Auflösung unter Wasserstoffentwicklung. Das Eisen erweist sich dann im passiven Zustand als unlöslich gegenüber HNO_3.

Das Problem der Stabilisierung dieser Passivschichten des Eisens ist leider bis heute nicht gelöst. Diese Schichten sind in anderen Medien nicht beständig und zeigen dann auf dem Werkstoff keine Schutzwirkung.

Dagegen ist das Chrom bereits unter normalen Bedingungen passiv, d. h., es korrodiert nur sehr wenig. Es ist auch in der Lage, sein Passivitätsverhalten auf Legierungen zu übertragen. So sind Chromstähle bereits mit einem Chromgehalt ab 13% rost- und säurebeständig.

Passivschichten werden zur Erhöhung der Widerstandsfähigkeit gegen Korrosion künstlich erzeugt. Hierfür bieten sich folgende technische Möglichkeiten:

— Tauchen in wäßrige Lösungen (z. B. für Stahl, Messing, Cu, Al, Zn),
— anodische Oxydation in Elektrolyten (z. B. für Fe, Al, Sn),
— Anlegen einer Spannung ($U < \varphi$) bei Anwesenheit verdünnter Säuren.

Bei der chemischen Passivierung durch Tauchen verwendet man besonders folgende Lösungen:

— Chromate oder Dichromate in sauren oder alkalischen Lösungen,
— Natriumnitrit in alkalischen Phosphat-, Borat- oder Silicatlösungen,
— Phosphorsäure-Silicat-Lösungen.

Stahlteile werden durch die chemische Passivierung nur wenige Tage geschützt. Man verwendet dieses wenig aufwendige Verfahren z. B. bei Werkstücken, die entfettet und gebeizt einige Tage bis zur Weiterverarbeitung lagern müssen.

5.3.3.2. Bildung von Oxidschichten

Ähnlich wie beim chemischen Passivieren entstehen beim *Oxydieren* durch Reaktionen auf der Metalloberfläche Passivschichten, die jedoch durch größere Schichtdicke von 1 bis 30 µm sichtbar sind. Diese Schutzschichten verleihen der Oberfläche ein entsprechendes Aussehen und sind von ausreichender mechanischer Beständigkeit, wobei andererseits nur geringe Formänderungen vertragen werden. Ohne eine Nachbehandlung widerstehen sie nur milden Korrosionsbedingungen.

Technische Bedeutung haben besonders drei Verfahren:

- *Schwarzoxydieren* von Eisenwerkstoffen,
- *MBV-Verfahren* (modifiziertes *Bauer-Vogel*-Verfahren),
- *Aloxydieren* von Aluminiumwerkstoffen.

Die modernen Verfahren des Schwarzoxydierens verwenden wäßrige Lösungen, die NaOH, NaNO$_2$ und NaNO$_3$ enthalten. Bei 135 bis 145 °C erhält man in 10 bis 15 min braunschwarze Eisenoxidschichten mit einer Dicke von etwa 1 μm. Diese Schichten sind schlagfest, temperaturbeständig und garantieren die Maßhaltigkeit der Metallteile. Durch Nachbehandlung der Werkstücke in Abkochölen kann der Schutzwert der Oxidschicht noch wesentlich erhöht werden.

Das MBV-Verfahren und das anodische Oxydieren werden zur Verstärkung der natürlichen Oxidschicht besonders bei Aluminiumwerkstoffen eingesetzt. Beim älteren MBV-Verfahren werden die Aluminiumteile in eine etwa 95 °C heiße Lösung von Na$_2$CO$_3$ und Na$_2$CrO$_4$ getaucht. Bei Tauchzeiten zwischen 5 und 10 min entstehen graue Schutzschichten aus 75% (Al(OH)$_3$ und 25% Cr(OH)$_3$ bis zu einer Dicke von 4 μm, die durch eine Natriumsilicatlösung noch verdichtet werden können. Diese Oxidschichten sind gegen normale Witterungseinflüsse, aber nicht gegen Seewasser und -luft beständig und bieten einen guten Haftgrund für Anstrichstoffe.

Wesentlich dickere Schichten erhält man beim anodischen Oxydieren (Aloxydieren, Eloxieren). Hierbei wird eine Oxidschicht von 10 bis 30 μm Dicke durch *anodische Oxydation* in einem Schwefelsäure- oder Oxalsäurebad erreicht. Nähere Angaben findet man in [5]. Die durch elektrolytische Oxydation erzeugten Schutzschichten zeichnen sich durch besonders wertvolle Eigenschaften aus:

- hohe Abrieb- und Verschleißfestigkeit, da sich eine sehr harte Modifikation, das γ-Al$_2$O$_3$, bildet,
- gutes elektrisches Isolationsvermögen,
- Möglichkeit der Imprägnierung bzw. Anfärbung mit korrosionsschützenden Pigmenten,
- Möglichkeiten der Erhöhung des Schutzwertes durch Verdichtung der Poren mit Natriumsilicat oder Schutzlacken.

Das Aloxydieren ist beim Aluminium und seinen Legierungen ab mindestens 80 bis 85% Aluminium durchführbar.

5.3.3.3. Phosphatieren

Deckschichten von schwerlöslichen Phosphaten bieten im Vergleich zu den anderen Verfahren der chemischen Oberflächenbehandlung den besten Korrosionsschutz. Deshalb ist der Einsatz der *Phosphatierung* besonders für Stahl, aber auch für Zink, Aluminium und Magnesium, in den metallvorbereitenden Industriezweigen sehr bedeutungsvoll geworden.

Man unterscheidet zwischen Heiß- und Kaltphosphatierung sowie zwischen Tauch-, Spritz- und Elektrolytverfahren.

▶ *In welchen Fällen wird man eindeutig die Spritzphosphatierung bevorzugen?*

Die Phosphatierungsbäder enthalten Phosphorsäure und Schwermetallphosphate des Eisens, Zinks oder Mangans. Die Schutzschichtbildung beruht auf der Gleichgewichtseinstellung zwischen den wasserlöslichen primären Phosphaten und den schwerlöslichen sekundären Phosphaten wie folgt:

$Me(H_2PO_4)_2 \rightleftharpoons MeHPO_4 + H_3PO_4$
$3 MeHPO_4 \rightleftharpoons Me_3(PO_4)_2 + H_2PO_4$

Die erneute Reaktion der Oberfläche mit der Phosphorsäure führt zur Neueinstellung des Gleichgewichtes und zur Abscheidung der schwerlöslichen Phosphate.

■ Ü. 5.9

Die feinkristalline Struktur der Phosphatschicht, deren Dicke zwischen 3 und 15 μm liegt, bewirkt sehr gute Schutzeigenschaften:

1. Gute Haftfestigkeit und bei der Nachbehandlung durch Anstriche ein wirksamer Schutz gegen Unterrostung,
2. Ausbildung eines gewissen elektrischen Isolationsvermögens (Anwendung bei Trafoblechen, Magnetkernen für Generatoren u. ä.),
3. Herabsetzung des Gleitwiderstandes an der Werkstoffoberfläche (Anwendung bei der Erleichterung der spanlosen Kaltformung).

Die Phosphatierung ist ein ökonomisch sehr günstiges Schutzverfahren, da die Verfahrenstechnik einfach ist und die Kosten relativ niedrig sind.

5.3.3.4. Anstriche

Bis heute wird der größte Teil der Korrosionsmaßnahmen noch durch organische Überzüge verwirklicht, wobei die Farb- und Lackanstriche weitaus an der Spitze liegen.

Anstrichstoffe sind flüssige bis pastenförmige Stoffe oder Stoffgemische, die, durch geeignete Verfahren auf Untergründe aufgetragen, Anstriche ergeben.

Die Hauptbestandteile der Anstrichstoffe sind:

— *Bindemittel* (Filmbildner),
— *Extender* (Pigmente, Füllstoffe),
— Lösungs- und Verdünnungsmittel,
— Hilfsstoffe (Antiabsetzmittel, Hautschutzmittel).

Für jede Anstrichkomponente steht heute eine Vielzahl von Stoffen zur Verfügung, die je nach Eigenschaft und Kombination zu einer kaum noch überblickbaren Zahl von Anstrichsystemen führen. Entsprechend dem vorgesehenen Verwendungszweck werden die Filmbildner und Extender für Korrosionsschutzanstriche ausgewählt. Eine Zusammenstellung finden Sie in den Tabellen 5.5 und 5.6. Als Bindemittel kommen Leinöl, Harze, Plaste, Elaste und bituminöse Stoffe in Frage. Als Pigmente verwendet man unlösliche, feinverteilte anorganische Stoffe, die im Anstrich die Farbwirkung und eine Beständigkeit der Oberfläche hervorrufen. »Ideale« Korrosionsschutzpigmente besitzen eine Dreifachfunktion:

— Bildung sogenannter Seifen (z. B. Blei- oder Zinkseifen) mit den ölhaltigen Komponenten des Anstrichbindemittels,
— Neutralisierung saurer Atmosphärenbestandteile und saurer Abbauprodukte des Bindemittels durch eine ausreichende Alkalität des Pigmentes,
— passivierende Wirkung auf den Anstrichuntergrund.

5. Korrosion und Korrosionsschutz

Tabelle 5.5. Auswahl der Bindemittel in Abhängigkeit von der Beanspruchung

Atmosphärische Beanspruchung	Chemische Beanspruchung	Thermische Beanspruchung
pflanzliche Öle	Chlorkautschuk	Siliconharze
Ölalkydharz	Cyclokautschuk	Phenolharze
bituminöse Stoffe	Epoxidharze	Butyltitanat
Teer-Bitumen-Asphalt-Kombination	chlorsulfoniertes Polyethylen	Siliconharz-Polyester-Kombination
	chloriertes Polyethylen	
	Polypropylen	
	ungesättigte Polyesterharze	
	Polyurethane	
	Vinylharze	
	chloriertes Polypropylen	

Tabelle 5.6. Auswahl der Extender in Abhängigkeit von der Beanspruchung

Atmosphärische Beanspruchung	Chemische Beanspruchung	Thermische Beanspruchung
Aluminiumpulver	Bleipulver	Aluminiumpulver
Bleimennige	Eisenoxid	Bleichromat
Bleiweiß	Bleichromat	Eisenoxid
Bleichromat	Graphit	Graphit
Natriumplumbat	Siliciumcarbid	Zinkoxid
Eisenglimmer	Titandioxid	Zinkpulver
Eisenoxid	Zinkoxid	
Titanoxid	Edelstahlpulver	
Zinkchromat		
Zinkoxid		
Zinkpulver		

Das verwendete Lösungsmittel bzw. Lösungsmittelgemisch muß für den jeweiligen Filmbildner geeignet sein, wobei aber auch ökonomische und physiologische Gesichtspunkte bei der Wahl berücksichtigt werden. Die Grundaufgabe jedes Anstriches besteht in der Ausbildung eines Schutzfilmes auf der Werkstoffoberfläche, der folgende Eigenschaften haben sollte:

— hohe Lebensdauer,
— hohe Haftfestigkeit und große Elastizität,
— geringe Porosität (Wasser- und Luftdurchlässigkeit),
— hohe Verschleißfestigkeit und Unquellbarkeit.

Die Forderungen werden um so besser realisiert, je besser die *Untergrundvorbehandlung* (UVB) ist, denn diese beeinflußt die Lebensdauer eines Anstrichs am stärksten. Die Tabelle 5.7 zeigt deutlich, wie stark optimale Standzeiten der Korrosionsschutzanstriche von der einwandfreien Untergrundvorbehandlung bestimmt werden. Die Anstriche können durch Streichen, Spritzen, Tauchen, Übergießen bzw. Überfluten (oder auch durch Elektrophorese) aufgetragen werden. Das Phosphatieren ist kein Ersatz für den Grundanstrich. Ob ein Grundanstrich erforderlich ist, hängt von der geforderten Schichtdicke ab. Bei Freiluftanlagen werden in der Regel zwei Grund- und zwei Deckanstriche vorgenommen, die eine Gesamtdicke von

Tabelle 5.7. Lebensdauer der Anstriche in Abhängigkeit von der Art der Untergrundvorbehandlung

Methode der UVB	Qualität der UVB	Lebensdauer in Jahren
ohne UVB	Streichen auf der unbeschädigten Walzhaut	3···4
Handentrostung	Entfernung von abblätterndem Walzzunder und Flugrost	4
mechanische Entrostung	wie bei Handentrostung	5···6
Flammenentrostung	Entfernung von Walzhaut, Zunder und Rost	7···8
Beizen	Entfernung von Walzhaut, Zunder und Rost, vollständig metallblanke Entrostung	6···8
Strahlen	wie bei Beizen	8···12

etwa 150 µm haben sollen (genaue Angaben in TGL 31-457, Blatt 1). Der erste Grundanstrich sollte dabei von Hand oder durch Elektrophorese aufgetragen werden.
Bewährte Grundanstriche sind vor allem Bleimennige auf Öl- oder Harzbasis und Farben mit einem Zinkchromatgehalt. Bei den Deckanstrichen dominieren noch immer die Öl- und Alkydharzlacke, wobei als Pigmente besonders Zinkoxid mit hohem Bleigehalt, Bleiweiß, Chromoxid und metallisches Aluminium in Frage kommen. Soll mit dem Anstrich auch eine Chemikalienbeständigkeit (z. B. gegen Säuren, Alkalien, Salzlösungen und Öle) erreicht werden, müssen Vinoflex-, Chlorkautschuk-, Chlorbuna-, Polyurethan- und Epoxidharzlacke verwendet werden. Erwähnenswert sind noch die Siliconlacke, die außerordentlich temperaturbeständig sind und Al-pigmentiert eingesetzt werden.
Oft ist man nicht nur aus ökonomischen Gründen gezwungen, auf eine vollständige Beseitigung von Korrosionsprodukten auf Stahloberflächen vor dem Auftragen eines Anstriches zu verzichten. Zum »Streichen über Rost« wurden deshalb *Penetrieranstrichmittel* entwickelt. Mit diesen Anstrichstoffen soll nicht eine chemische, sondern eine vorwiegend physikalische Bindung des Rostes erreicht werden. Es handelt sich dabei um stark unterpigmentierte Anstrichstoffe, die die »Rostpigmente« in sich aufnehmen und durch ihre Isolierung von der Umgebung unwirksam machen. Auch bei der Verwendung von Penetrieranstrichmitteln wird beim Streichen auf Rost nicht die Haltbarkeitsdauer erreicht wie beim Streichen auf eine metallisch blanke Oberfläche. Während sich sog. Rostumwandler und -stabilisatoren bisher nicht bewähren konnten, haben sich die heutigen Penetriermittel einen beachtlichen Einsatzbereich erobert.

5.3.3.5. Plast- und Elastüberzüge

Plast- und Elastüberzüge auf Metallwerkstoffen eignen sich sehr gut für Korrosionsschutzmaßnahmen, wenn man ihre speziellen Eigenschaften dabei berücksichtigt. Sie besitzen gegenüber den Anstrichen den Vorteil der größeren Schichtdicke und bieten neben dem Korrosionsschutz auch gleichzeitig eine gute Isolierung.
Plastüberzüge zeichnen sich durch ihre chemische Beständigkeit, Wärmeisolation, hohen elektrischen Widerstand, Elastizität, Abriebfestigkeit, glatte Oberfläche und gutes Aussehen aus. Nachteilig sind bei fast allen Plasten die geringe Wärmebeständigkeit und die Unbeständigkeit gegen viele organische Lösungsmittel. Je nach den chemischen, mechanischen und thermischen Anforderungen an die Schutzschicht kommen verschiedene Thermoplaste, wie PVC-hart, PVC-weich, Poly-

ethylen und Polyamid, zur Anwendung. Von den Duroplasten kommen vorwiegend die Polyester- und Epoxidharze in Frage.

Seit einigen Jahren gewinnt der Einsatz plastbeschichteter Stahlbleche immer mehr an Bedeutung, die nicht nur eine gute Resistenz gegenüber chemischer und atmosphärischer Beanspruchung zeigen, sondern auch vielseitig verarbeitbar sind.

Das Beschichtungsverfahren hängt vom Überzugsmaterial, der Gestalt der Metallteile bzw. Konstruktionen und den späteren Einsatzbedingungen ab. Man unterscheidet:

1. Auskleiden mit Plastfolien,
2. Wärme- oder Flammspritzen,
3. Wirbelsintern von Plasten.

Für das Auskleiden werden in erster Linie PVC-Folien verwendet. Wenn die fett-, schmutz- und oxidfreie Oberfläche mehrmals mit PVC-Kleber eingestrichen ist, werden die einmal mit Kleber bestrichenen Folienstücke aus PVC-hart gut angedrückt. Nachdem man mittels Schabers Schweißfugen angebracht hat, werden die Stoß auf Stoß gesetzten Folien unter Verwendung eines PVC-Drahtes mit Heißluft miteinander verschweißt. Bei der Verarbeitung von PVC-weich-Folien werden die Folien überlappt geklebt und anschließend die freien Kanten verschweißt.

Beim *Wärme- oder Flammspritzen* wird der Plast in Pulver- oder Pastenform mittels Druckluft durch eine Düse versprüht und nach dem Erweichen in der Flamme eines Ringbrenners auf die vorbehandelte Metalloberfläche geschleudert. Als Grundwerkstoff kommen Metalle und Legierungen (mit Ausnahme von Chromstählen und -legierungen), trockener Beton und Sperr- bzw. Spanholz in Frage. Geeignete Spritzmaterialien sind Polyethylen, Polyamide, PVC bzw. PVC-Paste, Polymethacrylate und in neuerer Zeit auch Epoxid- und Polyesterharze.

▶ *Warum sollen die aufgespritzten Überzüge nach Möglichkeit dünn sein?*

Bei Kleinteilen und komplizierten Werkstücken wird das *Wirbelsintern* angewendet. Die vorbehandelten Teile werden auf eine bestimmte Temperatur vorgewärmt und dann in eine Wirbelwanne getaucht, auf deren Boden eine gleichmäßige Wirbelschicht des pulverförmigen Thermoplastes (z. B. Polyethylen, PVC, Polyamid) erzeugt wird. Durch die Eigenwärme der Werkstücke sintert das Material auf der Oberfläche auf. Für die in Frage kommenden Plasttypen sind Sinterdiagramme aufgestellt worden, die Aussagen über den Zusammenhang zwischen Schichtdicke, Sinterzeit und Blechtemperatur machen. Die Haftfestigkeit der gesinterten Plastüberzüge ist bei Stahl und anderen Eisenwerkstoffen am größten.

Auch die häufig angewandte *Gummierung* unter Verwendung von Elastmischungen auf Naturkautschuk- oder Synthesekautschukbasis bietet einen guten Korrosions- und Erosionsschutz. Beim Auskleiden von Behältern oder Rohren werden die zugeschnittenen Mischungsfelle aufgeklebt. Die konfektionierten Gegenstände werden dann in meist dampfbeheizten Vulkanisationskesseln vulkanisiert. Die hergestellte Gummischicht besitzt gute Festigkeitseigenschaften, eine hohe Korrosionsbeständigkeit und läßt sich in beschränktem Maße mechanisch bearbeiten.

5.3.4. Korrosionsschutz durch metallische Überzüge

Vorzüge der Metallüberzüge sind neben dem hohen Schutzwert der Schichten ihre hohe Festigkeit und das gute Aussehen. Der notwendige Korrosionsschutz wird hierbei bereits durch verhältnismäßig dünne Schichten erreicht. In den folgenden Abschnitten werden Ihnen wichtige Metallauftragsverfahren erläutert, wobei das Elektroplattieren und das Metallspritzen in der DDR die größte Bedeutung haben.

5.3.4.1. Elektroplattieren

Das *Elektroplattieren*, auch *Galvanisieren* genannt, gewährleistet einen wirtschaftlichen Korrosionsschutz, da durch die geringen Schichtdicken nur geringe Mengen an Überzugsmetallen benötigt werden.

Unter Elektroplattieren versteht man die katodische Metallabscheidung auf metallischen Werkstoffen aus Elektrolyten, die das abzuscheidende Metall gelöst enthalten.

Wichtige Grundmetalle für die Elektroplattierung sind die Eisenwerkstoffe, Kupfer sowie Leichtmetalle und ihre Legierungen. Als Überzugsmetalle finden besonders Kupfer, Nickel, Chrom, Zink, Cadmium sowie Messing Verwendung. Ein mehrschichtiger Aufbau, z. B. die Kombination Kupfer, Messing, Chrom, hat sich gut bewährt.

■ Ü. 5.10

Von den galvanischen Überzügen fordert man bereits bei geringen Schichtdicken von 8 bis 10 µm weitgehende Porenfreiheit, gute Korrosionsbeständigkeit, gute Haftfestigkeit, gute mechanische Eigenschaften und oft einen hohen Glanz. Der Schutzwert elektroplattierter Schichten gegenüber Korrosion wird hauptsächlich bestimmt durch die

— Beschaffenheit und Vorbehandlung der Oberfläche,
— Abscheidungsbedingungen,
— Art und Schichtdicke des Überzugsmetalles,
— Struktur der Schutzschicht.

Die Schichtdicken für die wichtigsten Überzugsmetalle sind unter Berücksichtigung ihrer elektrochemischen Eigenschaften und den gegebenen Einsatzbedingungen gemäß TGL 18 709 festgelegt. Genaue Darstellungen über die Verfahren der Galvanotechnik findet man in der entsprechenden Fachliteratur.

Im Werkzeug- und Maschinenbau ist die *Hartverchromung* von besonderer Bedeutung, besonders für Lehren, Meßzeuge, Zylinder, Wellen, Walzen, Lager sowie Preß- und Spritzgießwerkzeuge für die Plast- und Elastverarbeitung. Hierbei werden Chromschichten von immerhin 100 bis 300 µm direkt auf dem Stahl abgeschieden. Neben der Schutzwirkung wird dadurch eine hohe Oberflächenhärte erreicht.

5.3.4.2. Stromloses Metallisieren

Das *stromlose Metallisieren* kann durch Reduktion, Tauchen, Kochen, Kontakt oder Anstreichen vorgenommen werden. Bei der *Reduktion* wird das Metall aus der Lösung durch katalytische Reaktion abgeschieden. Beim *Tauchen* handelt es sich um ein elektrochemisches Abscheiden eines edleren Metalls aus der Lösung auf das unedlere Grundmetall. Das *Kochverfahren* ist ein Tauchen bei höherer Temperatur und führt zu besser haftenden Überzügen. Das *Anstreichen* ist eine Abwandlung des Tauch- oder Kontaktverfahrens, wobei die Werkstücke mit der Übergangslösung bestrichen werden. Beim *Kontaktmetallisieren* wird das Grundmetall mit feinpulverisiertem Überzugsmetall behandelt.

In den letzten Jahren hat das stromlose Vernickeln für den Korrosionsschutz an Bedeutung gewonnen. Das Verfahren ist anwendbar für Nickelüberzüge auf Stahl, Kupfer, Messing und nach einer Zwischenverkupferung auch auf Zink, Blei und Cadmium. Nickel scheidet sich durch Reduktion aus sauren oder basischen $NiCl_2$-Lösungen mittels Natriumhypophosphits (NaH_2PO_2) ab. Dieses Verfahren ist jedoch schwieriger und kostenaufwendiger als das galvanische Vernickeln. Die praktisch porenfreie Schicht besitzt Haftfestigkeit, Verschleißfestigkeit und Härte. Bedeutung hat auch das stromlose Verkupfern von Stahl, Zn und Al sowie das stromlose Verzinnen von Stahl, Cu und Messing.

5.3.4.3. Schmelzflüssiges Metallisieren

Bei den *Schmelztauchverfahren* werden Metallüberzüge durch Tauchen der Werkstücke in das geschmolzene Überzugsmetall erzeugt. Als Überzugsmetall kommen Zink, Zinn, Blei und Aluminium in Frage.

▶ *Durch welche gemeinsame Eigenschaften eignen sich diese Metalle für das schmelzflüssige Metallisieren?*

Grundmetall ist meist Stahl, aber auch Gußeisen. Schmelzüberzüge können auch auf Nichteisenmetallen bzw. Legierungen mit höherer Schmelztemperatur aufgetragen werden, wie z. B. auf Kupfer und Messing. Die Werkstoffoberfläche muß vor dem Tauchen metallisch rein sein, was durch Entfetten und Beizen erreicht wird. Letzte Oxidreste werden durch Flußmittel entfernt. Die Schichtdicke ist abhängig von der Badtemperatur, der Tauchzeit und von der Zusammensetzung des Schmelzbades und des Grundwerkstoffes.
Das häufigste Schutzverfahren durch schmelzflüssige Metallisierung ist die *Feuerverzinkung*, die nach zwei Methoden durchgeführt werden kann. Bei der *Naßverzinkung* wird die Zinkschmelze eintauchseitig mit der Flußmittelschmelze ($ZnCl_2$ und NH_4Cl) abgedeckt. Bei der *Trockenverzinkung* werden die zu verzinkenden Teile zunächst in die wäßrige Lösung des Flußmittels getaucht und vor dem Tauchen im Zinkbad getrocknet.

▶ *Warum wird die Trockenverzinkung besonders dann angewendet, wenn die Zinkschmelze mit Aluminium legiert ist?*

In der Regel liegt die Badtemperatur zwischen 425 und 485 °C. Es entsteht ein dichter und zäher Zinküberzug mit einer Schichtdicke von 50 bis 100 μm. Die außerordentliche Haftfestigkeit beruht auf der Ausbildung einer Diffusionszone, der sog. Hartzinkschicht, in der sich intermetallische Phasen zwischen Eisen und Zink bilden. Die Schutzwirkung kann durch einen zusätzlichen Anstrich stark verbessert werden. Die Feuerverzinkung wird vorwiegend für den Schutz von Stahlteilen im Freien verwendet. Die Anwendbarkeit des Verfahrens wird aber auch durch die Größe der Schmelzbäder und durch die hohe Temperatur begrenzt.
Das *Feuerverzinnen* wird in ähnlicher Weise durchgeführt. Die Zinnschmelze ist lediglich auf der Abzugsseite mit Palmöl bedeckt, um eine Oxydation des Überzugsmetalls zu verhindern.

5.3.4.4. Metallspritzen

Beim *Metallspritzen* wird das durch Erhitzung geschmolzene Metall unter Einwirkung von Druckluft in kleine Teilchen zerstäubt und aus einer Düse mit großer Geschwindigkeit auf die vorbehandelte Oberfläche geschleudert. Der Metalldraht kann in der Spritzpistole durch ein Gasgemisch oder elektrisch geschmolzen werden. Als Überzugsmetalle sind alle Metalle mit einem Schmelzpunkt bis etwa 1600 °C geeignet, wobei besonders Zn, Al, Pb, Sn, Cu und ihre Legierungen sowie Ni verwendet werden. Die Haftung des aufgespritzten Metalls ist rein mechanisch. Der Abstand Pistole/Werkstück (etwa 200 mm) beeinflußt die Überzugsschicht maßgeblich. Auf dem Wege zur Werkstoffoberfläche werden die Schmelztröpfchen anoxydiert, und wenn sie bereits erstarrt, aber noch im plastischen Zustand aufprallen, tritt Verformung ein. Die flachgedrückten Metallperlen verhaken sich untereinander und mit dem z. B. durch Strahlen aufgerauhten Grundmetall. Es entsteht eine mikroporöse Schicht, die nur bei einer Nachbehandlung durch Verdichten, Diffusion oder Imprägnierung einen guten Korrosionsschutz bietet.

▶ *In welchen Fällen ist eine Nachbehandlung besonders wichtig?*

Das Metallspritzen wird auch in der DDR zunehmend an Bedeutung gewinnen. Der besondere Vorteil des Verfahrens liegt darin, daß Konstruktionen ohne Demontage geschützt werden können und daß es auch bei kompliziert gestalteten Werkstücken zum Erfolg führt. Größere Teile wurden von Hand, einfachere Massenteile dagegen maschinell gespritzt.
Das wichtigste Anwendungsgebiet zum Zwecke des Korrosionsschutzes ist die *Spritzverzinkung*. Ein einwandfreier Zinküberzug erfordert eine gleichmäßige Schichtdicke von etwa 120 µm (600 g m^{-2}). Die porös bleibende Schicht wird dann noch imprägniert, d. h. mit einem Schutzanstrich versehen, um die Poren zu schließen. Solche Überzüge sind mechanisch und thermisch sehr beständig und unterrosten kaum.

▶ *Warum wirken mechanische Beschädigungen der Schicht bei spritzverzinkten Teilen wenig korrosionsfördernd auf das Grundmetall?*

Spritzverzinkte Stahlkonstruktionen mit Alkydharzanstrich widerstehen atmosphärischen Korrosionseinflüssen 10 bis 25 Jahre ohne Beanstandung, so daß die doppelten Kosten gegenüber üblichen Anstrichmethoden keinen Nachteil bedeuten.
Größere Bedeutung besitzt auch die Spritzaluminisierung von größeren Teilen, die auf anderem Wege nicht mit Metall überzogen werden können.

5.3.4.5. Diffusionsverfahren

Unter *Diffusionsverfahren* versteht man die chemisch-thermischen Oberflächenbehandlungen von Stählen. Da aber auch nur die Randzonen der Diffusion unterliegen, d. h., die Mischkristallbildung nur bis zu geringen Tiefen vor sich geht, nehmen auch nur diese Zonen neue Eigenschaften an. Zur Erhöhung des Korrosionsschutzes reicht das in der Regel aus. Der Diffusionsvorgang und die Bildung schützender Randzonen können nach verschiedenen Methoden erreicht werden:

1. Die zu schützenden Werkstücke werden mit dem entsprechenden Metallpulver umgeben und erhitzt.
2. Der Diffusionsvorgang erfolgt in einer Schmelze, die eine chemische Verbindung des diffundierenden Materials enthält.
3. Die Werkstücke werden in der Gasphase des diffundierenden Metalls oder seiner Salze erwärmt.

Die bedeutendsten Diffusionsverfahren für Stähle sind

— die Diffusionsverzinkung *(Sherardisieren)* und
— das *Inchromieren* mit Chrom.

Beim Sherardisieren werden die Werkstücke mit Zinkstaub und Quarzsand oder Porzellankies in rotierenden Trommeln auf 300 bis 450 °C erhitzt.

▸ *Welche Aufgabe hat die am Diffusionsvorgang unbeteiligte Komponente, wie z. B. Quarzsand?*

Das Inchromieren erfordert Stähle mit niedrigem Kohlenstoffgehalt und die Anwesenheit eines starken Carbidbildners (z. B. Titan). Dieses komplizierte Verfahren, das hohe Kosten verursacht, benutzt $CrCl_2$ zur Chromübertragung, die zu Fe-Cr-Mischkristallen führt. Die Diffusionsschicht ist schlagfest und hat eine gute Korrosionsbeständigkeit bis etwa 1000 °C.

Diffusionsverzinkte und inchromierte Werkstoffe weisen eine gute Beständigkeit gegen atmosphärische Korrosionseinflüsse auf. Die Dicke der Diffusionsschicht hängt von der Behandlungstemperatur, -zeit und der Zusammensetzung der verwendeten Metall- und Salzmengen ab und erreicht Werte von 0,1 bis 0,3 mm. Die zusätzlich auftretende Passivierung erhöht den Schutzwert. Diffusionsverzinkt werden hauptsächlich Kleinteile wie Schrauben, Muffen und Fittings. Das Inchromieren kann bei kleinen Teilen, aber auch bei Ventilen, Kühlmänteln, Röhren u. ä. angewendet werden. Bei Schrauben und Muttern ist die Erhaltung der Maßhaltigkeit bei den Diffusionsverfahren von großem Vorteil.

5.3.4.6. Plattieren

Beim *Plattieren* werden unedle Metalle, deren Einsatzdauer verlängert werden soll, mit relativ dicken, korrosionsfesten metallischen Schichten auf mechanischem Wege versehen. Als Grundwerkstoff wird bei der Plattierung vorwiegend schwachlegierter Stahl verwendet, als Überzugsmetalle eignen sich rost- und säurebeständiger Stahl, Kupfer, Nickel und Messing. Plattierungsschichten bilden völlig dichte Überzüge und stellen einen idealen Metallüberzug dar, da die chemischen Eigenschaften des Verbundwerkstoffes allein vom Überzugsmetall bestimmt werden.

Es gibt verschiedene Verfahren zur Herstellung von Plattierungsschichten:

1. Beim *Verbundgußverfahren* wird ein vorgewalzter Stahlblock mit dem Plattierungsmetall in einer Kokille umgegossen und der Verbundkörper dann gewalzt.
2. Bei der vielseitig anwendbaren *Walzschweißplattierung* wird das Schutzmetall ein- oder beiderseitig auf das Grundmetall aufgebracht und in Inertgasatmosphäre durch Warmschmelzen verschweißt.

Plattierungsschichten sind gegen mechanische Beanspruchungen und Temperaturschwankungen beständig, d. h., plattierte Bleche können kalt und warm verarbeitet werden.

▸ *Warum ist Löten und Nieten bei plattierten Werkstoffen möglichst zu vermeiden?*

Neben der Plattierung von Stahlblechen und -profilen hat besonders das Plattieren von Al-Legierungen mit Kupfer (für korrosionsbeständige Leiterverbinder in der Elektrotechnik) Bedeutung erlangt.

5.3.5. Korrosionsschutz durch Beeinflussung des korrodierenden Mediums

Wo der Schutz durch ein Oberflächenbehandlungsverfahren nicht möglich oder nicht erwünscht ist, müssen Möglichkeiten der Beeinflussung des Korrosionsmediums gesucht und genutzt werden. Bekannte Methoden sind die Entfernung von Korrosionsstimulatoren und die Anwendung von Inhibitoren.

- *Beseitigung von Stimulatoren*

Bestimmte Stoffe können, wenn sie im Korrosionsmedium enthalten sind, den Korrosionsvorgang beschleunigen. Wenn diese sogenannten *Stimulatoren*, wie z. B. H_2O, CO_2, O_2, H^+ und feste atmosphärische Verunreinigungen, durch physikalische und chemische Vorgänge beseitigt werden, verringert sich selbstverständlich die Korrosionsgefahr.
Praktische Beispiele für diese Methode sind die Erzeugung einer Schutzalkalität zur Verringerung der Wasserstoffionenkonzentration, die Entgasung von Kesselspeisewasser zur Entfernung von O_2 und CO_2 und Lufttrocknung in geschlossenen Räumen oder Apparaturen.

- *Zusatz von Korrosionsinhibitoren*

Korrosionsinhibitoren sind im angreifenden Medium bereits vorhandene oder in geringer Menge zugesetzte Stoffe, die die Korrosion in einem System wirksam herabsetzen.

Der Mechanismus der Vorgänge bei der Hemmung der katodischen Korrosionsprozesse ist noch nicht völlig geklärt. Ein Korrosionsinhibitor sollte folgende Bedingungen erfüllen:

— Löslichkeit im korrodierenden Medium in einem möglichst großen Temperaturbereich,
— große Wirksamkeit bei kleinen Konzentrationen,
— hohe Lebensdauer und Beständigkeit,
— keine nachteilige Veränderung der Werkstoffeigenschaften durch den Inhibitor und seine Reaktionsprodukte.

In der Mehrzahl der Verfahren wird die Inhibition in wäßrigen Lösungen bevorzugt. Neuerdings kommen auch sogenannte Gasphaseninhibitoren zum Einsatz.
Nach dem Wirkungsmechanismus teilt man die korrosionshemmenden Stoffe in physikalische und chemische Inhibitoren ein.
Bei der Anwendung *physikalischer Inhibitoren* findet eine Adsorption an der Werkstoffoberfläche statt, d. h., der zu schützende Werkstoff wird mit einer sehr dünnen Schicht des Inhibitors belegt, und dadurch werden chemische oder elektrochemische Reaktionen verhindert. Der Inhibitor wird hierbei nur physikalisch adsorbiert, ohne daß eine chemische Reaktion zwischen Metall und Inhibitor erfolgt. Die Wirksamkeit der verwendeten Substanzen hängt in erster Linie davon ab, inwieweit auch die nichtaktiven Bezirke der Oberfläche geschützt werden.
Die *chemischen Inhibitoren* reagieren mit der Metalloberfläche (Chemisorption) oder dem Korrosionsmedium. Nach ihrer Wirkungsweise werden sie eingeteilt in

— Passivatoren,
— Deckschichtenbildner,
— elektrochemische Inhibitoren,
— Destimulatoren.

Passivatoren, z. B. Nitrite und Chromate, erzeugen auf der Metalloberfläche eine dünne, zusammenhängende Passivschicht bis zu einer Stärke von etwa 10^{-6} cm. Diese Passivfilme hemmen den Übertritt von H^+ und den Metallionenübergang.

Bei der Anwendung von *Deckschichtenbildnern* werden auch Oberflächenfilme erzeugt, die aber wesentlich dicker sind (0,01 bis 1 μm)). Ihre Struktur ist nicht so dicht und gleichmäßig wie bei den Passivfilmen. Man unterscheidet zwischen arteigenen und artfremden Deckschichten. Erstere entstehen aus den bereits in Lösung gegangenen Metallionen durch Niederschlagsbildung mit den Inhibitor-Anionen (z. B. Chromat-, Phosphat-, Arsenat- oder Silicationen). Bei artfremden Deckschichten entsteht die schwerlösliche Verbindung durch Fällungsreaktionen der Inhaltsstoffe des Korrosionsmediums (z. B. $CaSO_4$, $CaCO_3$).

Elektrochemische Inhibitoren sind edlere Metalle bzw. Halbmetalle, die durch Reduktion ihrer Ionen auf der unedleren Metalloberfläche entstehen und sich abscheiden. Diese Inhibitoren hemmen den Katodenprozeß durch ihre hohe Wasserstoffüberspannung. Als elektrochemische Inhibitoren werden vorwiegend Quecksilber, Arsen und Antimon verwendet.

Destimulatoren haben die Aufgabe, korrosionsfördernde Stimulatoren durch chemische Reaktion in ihrer Wirkung herabzusetzen oder vollständig zu beseitigen. Zur Beseitigung von Sauerstoff bzw. oxydierenden Stoffen werden als Destimulatoren Reduktionsmittel (z. B. Hydrazin, Sulfite) eingesetzt.

■ Ü. 5.11

Die technische Anwendung der Inhibitoren ist sehr vielfältig. Aus Unkenntnis über ihre Wirkungsweise werden sie aber häufig falsch eingesetzt, so daß nur eine ungenügende Hemmwirkung erzielt wird oder sogar gefährliche Korrosionserscheinungen hervorgerufen werden. Eine ausführliche Darstellung über Wirkungsmechanismus und Anwendungshinweise finden Sie in der Fachliteratur.

Bekannte Anwendungsmöglichkeiten sind die Inhibition in Ätzmitteln, Beizlösungen, wäßrigen Lösungen, Ölen, Treibstoffen und organischen Waschmitteln. Verbreitet ist auch die Inhibition bei der Kesselsteinentfernung und durch Anstrichpigmente.

■ Ü. 5.12

Die notwendige Inhibitorkonzentration für einen ausreichenden Korrosionsschutz ist sehr unterschiedlich. In den meisten Fällen genügen 0,01 bis 0,1 %.

5.3.6. Katodischer Korrosionsschutz

Die katodischen Schutzverfahren sind zur Korrosionsverhinderung von erd- oder wasserverlegten Konstruktionen, wie Behälter, Rohrleitungen und Kabel, entwickelt worden. Die Vorteile des Katodenschutzes sind eine hohe Wirtschaftlichkeit, die praktisch unbegrenzte Wirksamkeit bei fremdgespeisten Anlagen und die Möglichkeit des nachträglichen Einbauens auch bei bereits korrodierenden Anlagen. In den letzten Jahren sind neue große Verbundnetze für Gas, Wasser und Erdöl entstanden, die auf Grund ihrer volkswirtschaftlichen Bedeutung einen besonders wirksamen Korrosionsschutz verlangen. Hier werden die katodischen Schutzverfahren ebenfalls mit Erfolg eingesetzt. Schließlich erfordert die steigende Streustromgefährdung durch die Erweiterung des Gleichstrom-Bahnnetzes einen aktiven Schutz durch gefahrloses Ableiten der Streuströme aus den gefährdeten Anlagen.

Tabelle 5.8. Schutzpotentiale für den katodischen Korrosionsschutz

Schutzobjekt	Elektrolyt	Schutzpotential V
Blei	Erdboden	$-0,55$ bis $-0,70$
Stahl	Erdboden	$-0,85$ bis $-0,95$
Zink	Erdboden	$-1,15$
Stahl	Meerwasser	$-0,84$
Aluminium	Meerwasser	$-0,98$

Das Prinzip des Katodenschutzes besteht darin, einen Gleichstrom über den Elektrolyten so auf das metallische Schutzobjekt zu leiten, daß der mit der Metallauflösung verbundene Korrosionsstrom kompensiert wird. Das ist möglich, wenn das Schutzobjekt dabei zur Katode wird. Der Schutzstrom wird entweder durch Verbinden mit einem unedleren Metall *(Aktivanode)* erzeugt oder aus dem Netz durch Umformung und Gleichrichtung entnommen. Eine ausreichende Schutzwirkung wird erreicht, wenn ein Mindestpotential *(Schutzpotential)* und eine bestimmte Stromdichte *(Schutzstromdichte)* eingehalten werden (Tabelle 5.8).

- *Katodischer Schutz durch Aktivanoden*

Bei dieser Methode des Katodenschutzes werden Aktivanoden in der Nähe des Schutzobjektes eingegraben und beide leitend verbunden. Das zu schützende Metall als Katode in dieser galvanischen Zelle wird vor Korrosion bewahrt, während

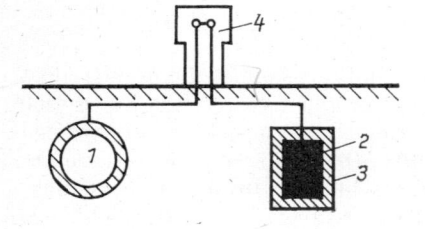

Bild 5.10. Katodischer Schutz durch eine Aktivanode
1 Schutzobjekt 3 Koksbettung
2 Graphitanode 4 Meßsäule

die Schutzanode sich mit der Zeit verbraucht. Als Material für Aktivanoden zum Schutz von Eisenwerkstoffen eignen sich Zink, Magnesiumlegierungen oder Aluminium. Der entstehende Schutzstrom ist von der Leitfähigkeit des Elektrolyten und den Abmessungen der Schutzanode abhängig. Wie Bild 5.10 zeigt, ist die Aktivanode von einer speziellen Bettungsmasse umgeben.

▶ *Welche Aufgabe hat die Bettungsmasse zu erfüllen?*

Die Lebensdauer der Anode hängt von der Schutzstromstärke und der Masse des Materials ab. Bei Magnesiumanoden liegen die Stromausbeuten bei 1200 bis 1400 A h kg^{-1}. Die Schutzstromstärke liegt bei etwa 30 mA. Der Katodenschutz durch Aktivanoden wird bevorzugt für erdverlegte, isolierte Anlagen angewendet. Bei der Anodenanordnung sollten ein Abstand von 1 bis 3 m zum Schutzobjekt und ein gegenseitiger Abstand bis zu 40 m eingehalten werden.

- *Katodischer Schutz durch Fremdstrom*

Bei diesem katodischen Schutzverfahren wird der erforderliche Schutzstrom einer Gleichstromquelle entnommen (Bild 5.11).

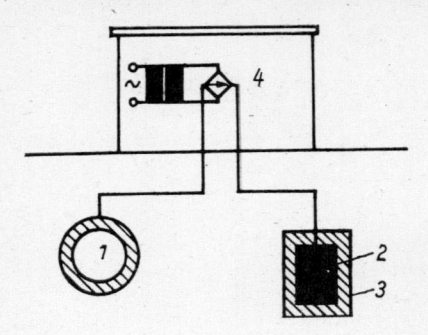

Bild 5.11. Katodischer Schutz durch Fremdstrom
1 Schutzobjekt
2 Graphitanode
3 Koksbettung
4 Gleichrichterschrank

Da man hierbei nicht auf die natürliche Potentialdifferenz zwischen Anodenmaterial und Schutzobjekt angewiesen ist, kann man den Anodenwerkstoff nach dem Gesichtspunkt einer möglichst geringen Materialabtragung und niedrigen Kosten auswählen. Üblich sind Anoden aus Graphit oder Ferrosilicium in Koksgrusbettung. Die Länge der zu schützenden Anlagen kann in Abhängigkeit vom Isolationszustand, von der Größe der Schutzfläche und vom angelegten Schutzpotential 2 bis 20 km betragen. Bedeutende Vorteile beim Einsatz von Fremdstromanlagen für den Katodenschutz sind:

1. Das eingespeiste Potential läßt sich jederzeit verändern, wenn es die jahreszeitlich bedingte Änderung der Elektrolytleitfähigkeit erforderlich macht.
2. Das Einspeisungspotential läßt sich automatisch steuern.

- *Katodischer Schutz durch Streustromableitung*

Die beste Methode zur Verhinderung von Streustromkorrosion ist die unmittelbare Rückführung der auftretenden Streuströme zur Streustromquelle. Zu diesem Zweck wird eine leitende Verbindung zwischen dem Schutzobjekt und dem negativsten Bereich der Streustromquelle hergestellt *(Dränage)*. Bei Streustromverursachern, deren Anschlußstelle nicht immer negativ bleibt, wird die Dränage durch ein zwischengeschaltetes Glied erreicht (polarisierte Dränage). Als stromrichtungsabhängige Glieder werden in den meisten Fällen Gleichrichter verwendet, die eine gerichtete Streustromableitung ermöglichen.

■ Ü. 5.13 und 5.14

Übungen

Ü. 1.1. Kreuzen Sie in der Anlage 1.1 das für die einzelnen Stoffe nach Ihrer Meinung zutreffende Feld an!

Ü. 1.2. Nennen Sie Ihnen bekannte Beispiele für den Nutzen, der sich aus der Einsparung von 1% Material ergibt.

Ü. 1.3. Erarbeiten Sie sich Vorstellungen darüber, wo in Ihrem jetzigen oder künftigen Tätigkeitsbereich Materialeinsparungen möglich sind! Ordnen Sie diese den drei behandelten Maßnahmen zu!

Ü. 1.4. Vervollständigen Sie die Angaben der in den Anlagen 1.3 und 1.4 enthaltenen Formblätter für die Werkstoff- und Kennwertsuche!

Ü. 2.1. Wodurch unterscheiden sich im Aufbau kristalline und amorphe Stoffe?

Ü. 2.2. Raumgitter sind Modellvorstellungen. Durch welche Angaben sind sie gekennzeichnet?

Ü. 2.3. Stellen Sie anhand der Bilder 2.6 und 2.7 fest, in welchen Richtungen sich die Atome (Kugeln) der jeweiligen Elementarzelle berühren!

Ü. 2.4. Stellen Sie die bisher gewonnenen Erkenntnisse in Anlage 2.3 zusammen! Geben Sie in der Spalte Beispiele, unter Benutzung der Tabelle Anlage 2.2, entsprechende Metalle an!

Ü. 2.5. Berechnen Sie die Durchmesser der Atome, die sich noch in den Lücken der kfz und in denen der kfz Elementarzelle unterbringen lassen! Was erkennen Sie, wenn Sie die Packungsdichte jeder Elementarzelle mit der Größe der in ihr noch unterzubringenden Atome vergleichen?

Ü. 2.6. Auf einen Metallkristall mit einem kfz Gitter werden Röntgenstrahlen mit einer Wellenlänge von $\lambda = 1{,}537 \cdot 10^{-8}$ eingestrahlt. Unter einem Einstrahlwinkel von 11° zu den Netzebenen trat ein Schwärzungsminimum auf. Berechnen Sie die Gitterkonstante und ermitteln Sie aus Anlage 2.2, um welches Metall es sich handelt!

Ü. 2.7. Für die in Anlage 2.4 oben dargestellten Ebenen sind die Flächensymbole anzugeben.

Ü. 2.8. Die Achsenabschnitte der in der Mitte der Anlage 2.4 angegebenen Flächen sind jeweils 1. Bestimmen Sie die Flächensymbole!

Ü. 2.9. Geben Sie für die in Anlage 2.4 gekennzeichneten Ebenen der kubischen Elementarzellen die jeweiligen Flächensymbole an!

Ü. 2.10. Tragen Sie in Anlage 2.4 unten die Richtungen [135] und [230] ein!

Ü. 2.11. Vervollständigen Sie Anlage 2.5!

Ü. 2.12. Welche reinen kristallinen Stoffe werden in der Regel hohe, welche niedrige Schmelztemperaturen haben?

Ü. 2.13. Durch welche Maßnahmen kann erreicht werden, daß eine Metallschmelze zu einem feinkörnigen Gefüge erstarrt?

Ü. 2.14. Warum wirken sich die durch Transkristallisation gebildeten Stengelkristalle nachteilig beim Walzen und Ziehen aus?

Ü. 2.15. Warum sind Metalle wie Cu, Ni, Ag besser umformbar als Zn?

Ü. 2.16. Begründen Sie, warum ein plastisch umgeformtes Gefüge gegenüber demselben nicht umgeformten fester und härter ist und warum mit fortschreitender plastischer Umformung der Kraftbedarf immer größer wird!

Ü. 2.17. In welchem Falle ist ein Rekristallisationsgefüge feinkörnig?

Ü. 2.18. Geben Sie den Zusammenhang zwischen dem Grad der Umformung, der Rekristallisationstemperatur und der Korngröße reiner Metalle an!

Ü. 2.19. Bestimmen Sie die Rekristallisationstemperatur von Blei! Was schließen Sie daraus für die Umformung des Bleis bei Raumtemperatur?

Ü. 2.20. Alle Metalle enthalten, durch ihre Herstellung bedingt, geringe Mengen anderer Metalle oder Nichtmetalle. Warum spricht man bei ihnen nicht von Legierungen?

Ü. 2.21. Begründen Sie, warum in Zweistofflegierungen mit Austauschmischkristallbildung sich die physikalischen Eigenschaften nach der in Bild 2.42 dargestellten Weise ändern?

Ü. 2.22. Was haben intermetallische Phasen mit den Überstrukturen gemeinsam?

Ü. 2.23. Vervollständigen Sie in Anlage 2.7 die Tabelle!

Ü. 2.24. Was ist Voraussetzung für das Zustandekommen einer Diffusion, und warum ist zu ihrer Ingangsetzung und zu ihrem Verlauf Energiezuführung notwendig?

Ü. 2.25. Welche Bedingungen müssen die Komponenten erfüllen, um Legierungssysteme mit lückenloser Mischkristallreihe zu bilden?

Ü. 2.26. Zeichnen Sie in das vorgegebene Feld (Anlage 2.8) das Zustandsdiagramm der Zweistofflegierungen, deren Komponenten A und B eine lückenlose Mischkristallreihe bilden, nach folgenden Angaben ein:

Schmelzpunkt der Komponente A bei 250 °C, der der Komponente B bei 600 °C,
Beginn der Erstarrung: Legierung 1 bei 400 °C, Legierung 2 bei 450 °C,
Ende der Erstarrung: Legierung 1 bei 300 °C, Legierung 2 bei 550 °C.

Geben Sie in den Feldern die jeweils vorhandenen Phasen an!
Zeichnen Sie neben dem Zustandsschaubild den Verlauf der Abkühlungskurven der Komponenten und den der beiden Legierungen!
Geben Sie die Zusammensetzung der Schmelze und die der Mischkristalle der beiden Legierungen bei 350 °C bzw. bei 500 °C an!
Wie groß ist der prozentuale Anteil der Mischkristalle und der Schmelze der Legierung 1 bei 350 °C und der Legierung 2 bei 500 °C?

Ü. 2.27. Wie groß ist der prozentuale Anteil des Eutektikums und der ausgeschiedenen A-Kristalle der Legierung L 1 unterhalb der Temperatur ϑ_E? (Bild 2.53)

Ü. 2.28. Wie groß ist das Mengenverhältnis α-Mk:β-Mk im Eutektikum bei der Temperatur ϑ_E und nach vollständiger Abkühlung der eutektischen Legierung (Bild 2.45)?

Ü. 2.29. Zeichnen Sie in die vorgegebenen Felder der Anlage 2.9 – ohne nachzuschlagen – die Zustandsdiagramme ein und geben Sie in ihren Feldern die jeweils vorhandenen Phasen an!

Ü. 3.1. Ordnen Sie Ihre bisher erworbenen Kenntnisse, indem Sie die einzelnen Angaben tabellarisch erfassen. Übertragen Sie diese dann in Anlage 3.1!

Ü. 3.2. Berechnen Sie den Kohlenstoffgehalt der Verbindung Fe_3C (Atommassen: Fe = 56, C = 12)!

Ü. 3.3. Ergänzen Sie die Angabe der Tabelle in Anlage 3.2! Beachten Sie dabei, daß mit den Phasenbezeichnungen gearbeitet wurde!

Ü. 3.4. Stellen Sie alle Angaben über die Grundgefüge des Eisen-Kohlenstoff-Diagramms in der Tabelle der Anlage 3.3 zusammen! Prägen Sie sich das schematische Aussehen der Gefüge ein!

Ü. 3.5. Ermitteln Sie aus dem Eisen-Kohlenstoff-Diagramm für einen Stahl mit 0,6% C folgende Angaben:

1. Bei welcher Temperatur beginnt die Erstarrung?
2. Bei welcher Temperatur ist die Erstarrung beendet?
3. Welche Kristallart liegt bei 1000 °C vor?
4. Welchen Kohlenstoffgehalt besitzen diese Kristalle bei 1000 °C?
5. Wieviel Prozent Kohlenstoff könnte diese Kristallart bei 1000 °C maximal lösen?
6. Was geschieht bei weiterer Abkühlung?
7. Welches Gefüge liegt bei Raumtemperatur vor?
8. Welche Anteile müßten bei langsamer Abkühlung im Mikroskop beobachtbar sein?

Ü. 4.1. Überprüfen Sie die Grenzwerte der Gehalte von Si, Mn, Cu, Al, Ti, P und S bei unlegierten und legierten Stählen, indem Sie sich Beispiele aus den Tabellen für die chemische Zusammensetzung entsprechender TGL auswählen!

Ü. 4.2. Erläutern Sie die Kurzzeichen St 34-3, St G b-A 3 und KT 45-2!

Ü. 4.3. Erläutern Sie die Kurzzeichen C 15 Q und Mu 8!

Ü. 4.4. Nennen Sie Anwendungsbeispiele für unlegierte Stähle, die beim Hersteller bzw. beim Verbraucher wärmebehandelt werden!

Ü. 4.5. Erläutern Sie die Unterschiede zwischen niedrig- und hochlegierten Stählen hinsichtlich der chemischen Zusammensetzung und der Kurzzeichen!

Ü. 4.6. Erläutern Sie die Kurzzeichen 40MnCr4, 30CrMoV9 und X10CrNiTi18.8!

Ü. 4.7. Welche Kennzahlen ergeben sich bei niedriglegierten Stählen, wenn der Cr-Gehalt 3,00% bis 3,50% und der Mo-Gehalt 0,5% bis 0,6% beträgt?

Ü. 4.8. Verschaffen Sie sich Klarheit über die Reihenfolge der Kennbuchstaben und Kennzahlen bei der Kurzbezeichnung von Stahl!

Ü. 4.9. Erläutern Sie die Kurzzeichen GS-45.9, GS-MB 35 CrMn4 G, GS-X12-CrNiMo 18.10AS und GT-55!

Ü. 4.10. Erarbeiten Sie sich die Unterschiede und Analogien bei der Kurzbezeichnung von Stahl und Eisengußwerkstoffen!

Ü. 4.11. Erläutern Sie die Kurzzeichen Lg-PbSn 9 Cd, Zn 99,9, NiMo 18 Cr 16 Fe, G-AlSi 10 Mg und 6kt 5 Cu Zn 37!

Ü. 4.12. Erarbeiten Sie sich einen Überblick über die Reihenfolge der verwendeten Kurzzeichen bei Nichteisenmetallen und Nichteisenmetallegierungen!

Ü. 4.13. Üben Sie sich im Umgang mit den TGL, indem Sie sich anhand selbstgewählter Beispiele über chemische Zusammensetzung, physikalische Eigenschaften, Richtlinien für die Wärmebehandlung und Richtlinien für die Verwendung informieren!

Ü. 5.1. Warum gestattet die elektrochemische Spannungsreihe zur Beurteilung der Stärke der chemischen Korrosion keine allgemeingültigen Aussagen?

Ü. 5.2. Wie tritt die elektrochemische Korrosion an *a)* verzinktem und *b)* verzinntem Stahl auf, wenn der Überzug mechanisch beschädigt ist? Formulieren Sie auch die ablaufenden Anoden- und Katodenprozesse! (Benutzen Sie bei der Beantwortung eine Tabelle der Standardpotentiale der Metalle!)

Ü. 5.3. Wie beeinflussen Kupferverunreinigungen im Zink dessen Korrosionsverhalten?

Ü. 5.4. Welche Korrosionsvorgänge verlaufen im Bereich der Wasserlinie eines metallischen Bootskörpers ab?

Ü. 5.5. Läßt sich aus der elektrochemischen Spannungsreihe und mittels der *Nernst*schen Gleichung ablesen, wie sich eine Metallkombination bei der elektrochemischen Korrosion verhalten wird?

Ü. 5.6. In der Anlage 5.1 sind wichtige Erscheinungsformen der Korrosion schematisch dargestellt. Tragen Sie in Spalte 2 ihre Bezeichnungen und in Spalte 3 stichpunktartig die wesentlichsten Ursachen ein!

Ü. 5.7. Kennzeichnen Sie in Anlage 5.2, ob ein aktives (a) oder ein passives (p) Korrosionsschutz-Verfahren vorliegt!

Ü. 5.8. Erläutern Sie, was *a)* durch eine mechanische und *b)* durch eine chemische Vorbehandlung der Metalloberfläche erreicht werden soll!

Ü. 5.9. Was würde geschehen, wenn das Phosphatierungsbad *a)* nur Phosphorsäure oder *b)* nur Schwermetallphosphate enthielte?

Ü. 5.10. In welchen Fällen ist der Korrosionsschutz durch Penetrieranstrichmittel technisch und ökonomisch gerechtfertigt?

Ü. 5.11. Bei der Elektroplattierung werden Metalle abgeschieden, die gegenüber dem Grundmetall edler oder unedler sind. Welche Folgen ergeben sich daraus für das Korrosionsverhalten der plattierten Werkstoffe?

Ü. 5.12. Ordnen Sie die hier genannten Inhibitoren nach Anwendungsgebieten!

Ü. 5.13. Welche Wirkung müssen Inhibitoren beim Einsatz in Schmier- und Isolierölen haben?

Ü. 5.14. Unter welchen Bedingungen ist die Anwendung des katodischen Korrosionsschutzes zweckmäßig?

Ü. 5.15. Geben Sie für *a)* für Stahlschrauben, *b)* Trafobleche, *c)* Stahlgitterkonstruktionen, *d)* erdverlegte Rohrleitungen und *e)* Aluminiumbleche Möglichkeiten eines zweckmäßigen Korrosionsschutzes an! Beziehen Sie die Schutzmaßnahmen immer auf bestimmte Einsatzbedingungen!

Quellenverzeichnis und Literaturhinweise

Abschnitt 1.

[1] *Sidorenko, A. V.:* Die Rohstoffe unserer Erde, Technische Gemeinschaft, Heft 7/1980
[2] *Haase, E.:* Rohstoffbasis sichern, Material effektiv einsetzen, Technische Gemeinschaft, Heft 11/1974
[3] Statistisches Jahrbuch der DDR. Berlin Staatsverlag der DDR 1986
[4] *Ambos, E.:* Materialökonomie in Fertigungsprozessen des Maschinenbaus. Leipzig: VEB Deutscher Verlag für Grundstoffindustrie 1985
[5] *Lindenlaub, W.:* ABC Rohstoff- und Werkstoffökonomie. Leipzig: VEB Deutscher Verlag für Grundstoffindustrie 1982
[6] *Kulke, H.:* Die Substitution metallischer Werkstoffe durch Plaste und die Aufgaben, die sich daraus für die Stahlberatungsstelle ergeben. Freiberg: Stahlberatungsstelle, Mitteilung Nr. 82/1970
[7] *Bremer, H.:* Stand und Perspektiven des Leichtbaues und der ökonomischen Verwendung von Werkstoffen in der DDR. Dresden: IfL-Mitteilungen 10/1969
[8] *Baade, B.:* Aufgaben zur Durchsetzung des Leichtbaues in den Jahren 1968 bis 1970. Dresden: IfL-Mitteilungen 1/1968
[9] AK: Das Informationssystem für Werkstoffe und ökonomischen Materialeinsatz — Nutzerinformation. Dresden: Institut für Leichtbau und ökonomische Verwendung von Werkstoffen, Schriftenreihe »Materialökonomie« 9/1979
[10] Katalog für Werkstoffkenngrößen. Dresden: Institut für Leichtbau und ökonomische Verwendung von Werkstoffen 1972

Abschnitte 2. und 3.

[1] *Eckstein, H.-J.:* Wärmebehandlung von Stahl, 2. Aufl. Leipzig: VEB Deutscher Verlag für Grundstoffindustrie 1973
[2] *Eisenkolb, F.:* Einführung in die Werkstoffkunde, Band 1. Berlin: VEB Verlag Technik 1966
[3] *Hornbogen/Warlimont*: Metallkunde. Berlin, Heidelberg, New York: Springer-Verlag 1967
[4] Grundlagen des Festigkeitsverhaltens von Metallen. Berlin: Akademie-Verlag 1965
[5] Werkstoffkunde Stahl. Berlin, Heidelberg: Springer-Verlag; Düsseldorf: Verlag Stahleisen 1985
[6] *Kleber, W.:* Einführung in die Kristallographie, 16. Aufl. Berlin: VEB Verlag Technik 1985

[7] *Racho, R.*, u. a.: Werkstoffe der Elektrotechnik, 4. Aufl. Berlin: VEB Verlag Technik, 1972
[8] *Schumann, H.:* Metallographie, 11. Aufl. Leipzig: VEB Deutscher Verlag für Grundstoffindustrie 1983
[9] *Meyer, K.:* Physikalisch-chemische Kristallographie, 2. Aufl. Leipzig: VEB Deutscher Verlag für Grundstoffindustrie 1977
[10] AK: Einführung in die Werkstoffwissenschaft, 5. Aufl., Hrsg.: Prof. Dr.-Ing. habil. *W. Schatt.* Leipzig: VEB Deutscher Verlag für Grundstoffindustrie 1984
[11] *Bickel, E.:* Die metallischen Werkstoffe des Maschinenbaus, 4. Aufl. Berlin, Göttingen, Heidelberg: Springer-Verlag 1964
[12] *Umlauff, G.:* Eisen-Kohlenstoff-Diagramm, Lehrbrief für das Ingenieur-Fernstudium, Katalog-Nr. 03 1770 110. Karl-Marx-Stadt: Institut für Fachschulwesen der DDR 1981
[13] Gefügeaufnahmen aus dem metallografischen Laboratorium der Ingenieurschule für Automatisierung und Werkstofftechnik, Hennigsdorf
[14] *Jahnke, H., R. Retzke* u. *W. Weber:* Umformen und Schneiden, 5. Aufl. Berlin: VEB Verlag Technik 1981
[15] *Große, E.,* u. *Ch. Weißmantel:* Der gestörte Kristall. Leipzig, Jena, Berlin: Urania Verlag 1979
[16] *Racho, R., P. Kuklinski* u. *K. Krause:* Werkstoffe für die Elektrotechnik und Elektronik. Leipzig: VEB Deutscher Verlag für Grundstoffindustrie 1985
[17] AK: Ausgewählte Untersuchungsverfahren in der Metallkunde. Leipzig: VEB Deutscher Verlag für Grundstoffindustrie 1983

Abschnitt 4.

[1] *Küntscher, W.,* u. *H. Kulke:* Baustähle der Welt, Band I — Großbaustähle. Leipzig: VEB Deutscher Verlag für Grundstoffindustrie 1964
[2] TGL-Taschenbuch Stahl, Bände I bis III, Hrsg.: Stahlberatungsstelle Freiberg. Leipzig: VEB Deutscher Verlag für Grundstoffindustrie 1976
[3] Tabellenbuch für Stahlverbraucher, 13. Aufl., Hrsg.: Stahlberatungsstelle Freiberg. Leipzig: VEB Deutscher Verlag für Grundstoffindustrie 1985
[4] Mitteilung Nr. 110. Freiberg: Stahlberatungsstelle 1974
[5] TGL 7960 — Allgemeine Baustähle; Stahlmarken, Allg. techn. Bedingungen, Ausgabe 6/81
[6] TGL 28 192 — Korrosionsträge Baustähle; Stahlmarken, Allg. techn. Forderungen, Ausgabe 12/73
[7] TGL 22 426 — Höherfeste schweißbare Baustähle; Stahlmarken, Allg. techn. Forderungen, Ausgabe 8/74
[8] TGL-Taschenbuch Gießereien, 2. Aufl., Hrsg.: Zentralstelle für Standardisierung im Zentralinstitut für Gießereitechnik. Leipzig: VEB Deutscher Verlag für Grundstoffindustrie 1968
[9] *Hilgenfeldt, W.,* u. *K. Herfurth:* Tabellenbuch Gußwerkstoffe. Leipzig: VEB Deutscher Verlag für Grundstoffindustrie 1985
[10] TGL 10 327 — Temperguß; Techn. Lieferbedingungen, Ausgabe 2/79
[11] TGL-Taschenbuch NE-Metalle, Bände I bis III, Hrsg.: VEB Mansfeld Kombinat »Wilhelm Pieck«, Zentralstelle für Standardisierung. Leipzig: VEB Deutscher Verlag für Grundstoffindustrie 1975/76

Abschnitt 5.

[1] *Uhlig, K.-H.:* Korrosion und Korrosionsschutz. Berlin: Akademie-Verlag 1970
[2] AK: Einführung in die Werkstoffwissenschaft, Hrsg.: *W. Schatt,* 5. Aufl. Leipzig: VEB Deutscher Verlag für Grundstoffindustrie 1984
[3] AK: Oberflächenveredeln und Plattieren von Metallen. Leipzig: VEB Deutscher Verlag für Grundstoffindustrie 1979
[4] Korrosion und Korrosionsschutz, Hrsg.: Bezirksneuererzentrum Halle, Broschürenreihe 1—20, Halle 1973
[5] *Schwabe, K.:* Korrosionsschutzprobleme. Leipzig: VEB Deutscher Verlag für Grundstoffindustrie 1969
[6] Richtlinienkatalog »Ökonomischer Materialeinsatz«, Teil 2, Werkstoffeinsatz und Korrosionsschutz, Hrsg.: VEB Komplette Chemieanlagen, Dresden 1980
[7] Lichtbilderreihe HR 217 »Korrosion II — Erscheinungsformen«, Hrsg.: Deutsches Institut für Film, Bild und Ton
[8] AK: Werkstoffeinsatz und Korrosionsschutz in der chemischen Industrie, 4. Aufl. Leipzig: VEB Deutscher Verlag für Grundstoffindustrie 1986
[9] TGL-Taschenbuch Korrosionsschutz, 2. Aufl. Leipzig: VEB Deutscher Verlag für Grundstoffindustrie 1981
[10] *Maaß, P.,* u. *P. Peißker:* Korrosionsschutz. Leipzig: VEB Deutscher Verlag für Grundstoffindustrie 1982

Anlagen

Anlage 1.1	Zur Einteilung der Stoffe
Anlage 1.2	Werkstoffkenngrößen
Anlage 1.3	Formblatt Werkstoffsuche
Anlage 1.4	Formblatt Kennwertsuche
Anlage 2.1	Elementarzellen der Kristallsysteme
Anlage 2.2	Atomare Konstanten und physikalische Eigenschaften einiger technisch wichtigen Metalle
Anlage 2.3	Die wichtigsten Gittertypen der Metalle
Anlage 2.4	*Miller*sche Indizes
Anlage 2.5	Strukturelle Gitterbaufehler
Anlage 2.6	Kristallerholung und Rekristallisation
Anlage 2.7	Gefügebestandteile der Legierungen
Anlage 2.8	Zustandsdiagramm einer Zweistofflegierung mit vollständiger Löslichkeit der Komponenten im kristallinen Zustand
Anlage 2.9	Zusammenstellung von Grundtypen der Zustandsdiagramme binärer Legierungen
Anlage 3.1	Die Umwandlungen beim reinen Eisen
Anlage 3.2	Vorgänge im Eisen-Kohlenstoff-Diagramm
Anlage 3.3	Eigenschaften der Gefüge des EKD
Anlage 3.4	Abkühlungskurven von Eisen-Kohlenstoff-Legierungen
Anlage 5.1	Erscheinungsformen der Korrosion
Anlage 5.2	Übersicht über wichtige Methoden des Korrosionsschutzes

Zur Einteilung der Stoffe — Anlage 1.1

Beispiel	Rohstoff	Hilfsstoff	Naturstoff	Werkstoff	Betriebsstoff
Kohle in Lagerstätten					
gefördertes Eisenerz					
Stahl					
Öl im Getriebe eines Fahrzeuges					
gefördertes Erdöl					
Öl zur Isolation in einem Transformator					
Germanium für Transistoren					
Öl als Kühlmittel					
Kupfer für Leiter der Elektrotechnik					
Glas					
Glassande					
Dieselöl					
Porzellan für Isolatoren					
Polyethylen zur Leiterisolation					
»Kohle« für Schichtwiderstände					
Erdgas					
Mondgestein					

Werkstoffkenngrößen Dezember 1970		Anlage 1.2
IfL Dresden	Stoffspezifische Kenngrößen für physikalische Beanspruchung	Kenngrößenblatt 11.-5. 1. 4.
	Elektrischer Oberflächenwiderstand	Seite 1 umfaßt 1 Seite

1. Kurzzeichen
Rho

Einheit
Ohm

2. Gültigkeit des Kenngrößenblattes
Gültig für feste Isolierstoffe mit einer Dicke von $\geq$ 0,03 mm sowie für flüssige Isolierstoffe und schmelzbare Isoliermassen.

3. Definition
Der Oberflächenwiderstand, gemessen zwischen zwei auf einer Seite des Prüfkörpers liegenden Elektroden, ist der Quotient aus der angelegten Gleichspannung und dem Strom, der an der Oberfläche des Isolierstoffes fließt.

4. Prüfverfahren
TGL 15347, 7.67 »Bestimmung der elektrischen Widerstandswerte fester und flüssiger Isolierstoffe«
Der Aufwand für die Messung wird durch das Meßverfahren bestimmt.

5. Darstellungsform
5.1. Einzelwerte unter Angabe der Lagerungsbedingungen, der Prüftemperatur und der relativen Luftfeuchtigkeit. Der Oberflächenzustand des Isolierstoffes ist anzugeben.
5.2. Entsprechend in Abhängigkeit von der relativen Luftfeuchtigkeit (Bild 1).

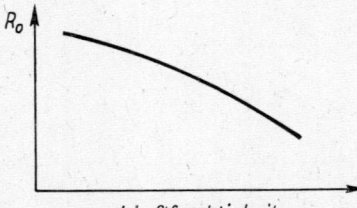

Bild 1. Oberflächenwiderstand R_0 in Abhängigkeit von der relativen Luftfeuchtigkeit

5.3. Gegebenenfalls weitere Abhängigkeiten von der Temperatur, der Bewitterung oder sonstigen äußeren Einflüssen.

(Fortsetzung) | **Anlage 1.2**

6. Bedeutung und Anwendung

Der Oberflächenwiderstand ist eine Vergleichsgröße. Er gibt Aufschluß über den an der Oberfläche eines Isolierstoffes herrschenden Isolationszustand, der durch äußere Einflüsse, wie Feuchtigkeit, Bewitterung usw., beeinflußt wird. Auf Grund seiner nicht exakten Meßbarkeit ist das Ergebnis ungenau und von der Elektrodenanordnung abhängig. Der Oberflächenwiderstand beeinflußt ebenso wie der spezifische elektrische Widerstand die Möglichkeit zur elektrostatischen Aufladung.

7. Ergänzungen und Bemerkungen

Gemäß TGL 15 347 ist für bestimmte Elektroden und eine bestimmte Meßanordnung die Berechnung des spezifischen Oberflächenwiderstandes für ebene und rohrförmige Prüfkörper möglich.

8. Quellen

TGL 15 347, 7.6 »Bestimmung der elektrischen Widerstandswerte fester und flüssiger Isolierstoffe«

Informationszentrum für Werkstoffe und Materialökonomie

Formblatt Werkstoffsuche (Vorderseite)			Anlage 1.3	
1.1. Absender (volle Anschrift)		1.2.	Betriebs-Nr.	
		1.3	Telex	
		1.4.	Telefon	
Institut für Leichtbau **Informationszentrum für Werkstoffe** **Karl-Marx-Straße** **Postschließfach 44** **Dresden** **8080**		1.5.	Abteilung	
		1.6.	Bearbeiter	
		1.7.	Zeichen	
		1.8.	Datum	
		1.9.	Antwort bis:	
Werkstoffsuche				
2. Angaben zur Anwendung (Erzeugnisdaten) evtl. Zeichnung beifügen				
2.1.		Benennung		ELN-Nr.
	Erzeugnisgruppe Erzeugnis Bauteil	Anzeigenleuchte Leuchtenkörper		
2.2.	Funktion Wirkungsweise Einsatzbedingungen	an der Schalterblende eines Elektroherdes angebracht		
2.3.	Stückzahl/Menge			
2.4.	Lebensdauer			
3. Angaben bei Vorauswahl				
3.1.	Werkstoffgebiet Werkstoffgruppe	Plaste		
3.2.	Grund für Vorauswahl	Spritzgieß- oder Spritzpreßbarkeit (Vorh. Maschinenpark)		
4. Angaben bei Substitution				
4.1.	Bisher eingesetzter Werkstoff			
4.2.	Menge (g/kg/t) des bisherigen Werkstoffes pro Stück			
4.3.	Grund für die Substitution			
5. Forderungen zu Form und Abmessungen				
	Form; Abmessung	Formteil etwa 20 mm × 20 mm × 20 mm		

Formblatt Werkstoffsuche (Rückseite)	Anlage 1.3

6. Forderungen zum Zustand

Zustand (Formgebung, Behandlung, Oberfläche, Gefüge, u. a. Zustandsangaben)	

7. geforderte Kennwerte

Kenngröße mit Angabe der Einflußfaktoren	Rangfolge	Wert mind.	Wert höchst.	Einheit
Dauertemperaturbeständigkeit	1			
Kriechstromfestigkeit	1	Stufe B 120		—
Durchschlagfestigkeit		80		$kV\ cm^{-1}$
Oberflächenwiderstand		10^{10}		
Dielektrischer Verlustfaktor			0,1	—
Beständigkeit gegenüber handelsüblichen Haushaltreinigungsmitteln zwischen 20 und 120 °C		—	—	—
Preis/kg Granulat			5,00	M
verwenden Sie Folgeblatt				

8. Weitere Forderungen, Ergänzungen, Bemerkungen

Stempel   Unterschrift

Formblatt Kennwertsuche (Vorderseite)		Anlage 1.4
1.1. Absender (volle Anschrift)	1.2. Betriebs-Nr.	
	1.3. Telex	
	1.4. Telefon	
	1.5. Abteilung	
Institut für Leichtbau	1.6. Bearbeiter	
Informationszentrum für Werkstoffe		
Karl-Marx-Straße	1.7. Zeichen	
Postschließfach 44	1.8. Datum	
Dresden		
8080	1.9. Antwort bis:	

Kennwertsuche			

2. Angaben zum Werkstoff

2.1.	Werkstoffbezeichnung
	Melamin-Formpreßmasse Typ 152
2.2.	Standard
	TGL 15 565 Bl. 3
2.3.	Form und Abmessung
	Lieferform: Granulat Formteil: 20 mm × 20 mm × 20 mm
2.4.	Zustand (Formgebung, Behandlung, Oberfläche u. a. Zustandsangaben)
	spritzgepreßt, preßblank, weiß
2.5.	Verwendungszweck

Anlagen 135

Formblatt Kennwertsuche (Rückseite)	Anlage 1.4

3. Gesuchte Kennwerte

Kenngröße	Einflußfaktoren
Dauertemperaturbeständigkeit	
Dielektrischer Verlustfaktor	50 Hz
Formbeständigkeit in der Wärme nach Martens	
Biegefestigkeit	
Kerbschlagzähigkeit	
Einfärbmöglichkeit	
Werkstoffpreis	
Lieferer bzw. Hersteller	

4. Ergänzungen, Bemerkungen

Stempel   Unterschrift

Elementarzellen der Kristallsysteme Anlage 2.1

Kristallsystem	Gitterkonstante	Achsenwinkel
kubisch	$a=b=c$	$\alpha=\beta=\gamma=90°$
tetragonal	$a=b\neq c$	$\alpha=\beta=\gamma=90°$
rhombisch	$a\neq b\neq c$	$\alpha=\beta=\gamma=90°$
hexagonal	$a_1=a_2=a_3\neq c$	$\alpha_1=\alpha_2=\alpha_3=90°;\gamma=120°$
rhomboedrisch	$a_1=a_2=a_3$	$\alpha=\beta=\gamma\neq 90°$
monoklin	$a\neq b\neq c$	$\alpha=\gamma=90°,\beta\neq 90°$
triklin	$a\neq b\neq c$	$\alpha\neq\beta\neq\gamma\neq 90°$

Atomare Konstanten und physikalische Eigenschaften einiger technisch wichtigen Metalle — Anlage 2.2

Element	Symbol	Wertigkeit	Raumgitter bei Raumtemperatur	Gitterkonstanten in 10^{-8} cm			Dichte in g cm^{-3}	Schmelzpunkt in °C	Zugfestigkeit R_m in MPa	Härte HB
				a_0	b_0	c_0				
Aluminium	Al	3	kfz	4,05	—	—	2,7	658	70…110	15…25
Beryllium	Be	2	hex. d. P.	2,29	—	3,58	1,85	1283	420…560	60…140
Blei	Pb	2, 4	kfz	4,95	—	—	11,4	327	11	≈3
Cadmium	Cd	2	hex. d. P.	2,98	—	5,617	8,65	321	60	35
Chrom	Cr	2, 3, 4, 5, 6	krz	2,88	—	—	7,19	1890		70…90
Cobalt	Co	2, 3, 4	hex. d. P.	2,51	—	4,068	8,83	1490		125
Eisen	Fe	2, 3, 6	krz	2,87	—	—	7,86	1536	180…280	45…90
Kupfer	Cu	1, 2	kfz	3,62	—	—	8,96	1083	200…250	40…50
Magnesium	Mg	2	hex. d. P.	3,21	—	5,21		649	170…190	33
Mangan	Mn	2, 3, 4, 5, 6, 7	kfz	8,91	—	—	7,43	1243		
Molybdän	Mo	2, 3, 4, 5, 6	krz	3,15	—	—	10,2	2620	700…1200	150
Nickel	Ni	2	kfz	3,52	—	—	8,9	1453	400…550	80…90
Platin	Pt	2, 4, 6	kfz	3,92	—	—	21,4	1769	180…220	50
Silber	Ag	1	kfz	4,09	—	—	10,5	960	130…160	15…36
Tantal	Ta	2, 3, 4, 5	krz	3,30	—	—	16,6	≈3000	350	60
Vanadium	V	2, 3, 4, 5	krz	3,04	—	—	6,1	1735		260
Wolfram	W	2, 3, 4, 5, 6	krz	3,17	—	—	19,3	3380	1800…4150	≈400
Zink	Zn	2	hex. d. P.	2,66	—	4,94	7,14	419	20…140	32…45
Zinn	Sn	2, 4	tetr. rz	5,83	—	4,74	7,3	232	28	12

Anlage 2.3

Die wichtigsten Gittertypen der Metalle

Kristallsystem	Achsen	Winkel	Typ	Kurz-bez.	Zahl der Atome je Elementarzelle	Packungs-dichte	Beispiele

Millersche Indizes

Anlage 2.4

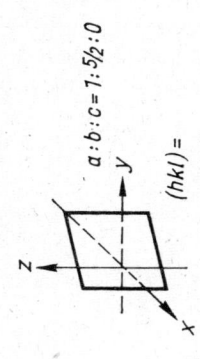

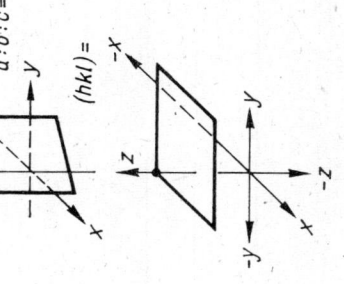

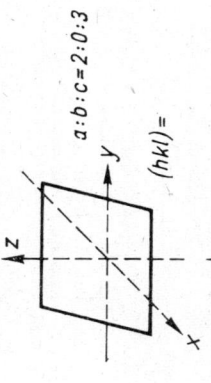

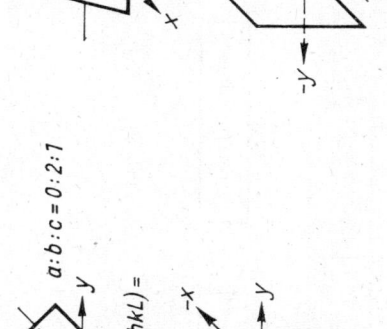

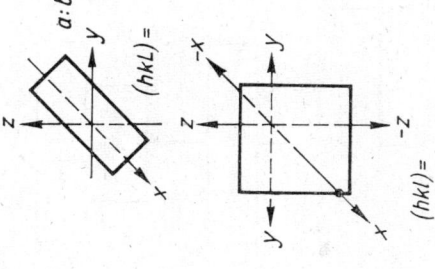

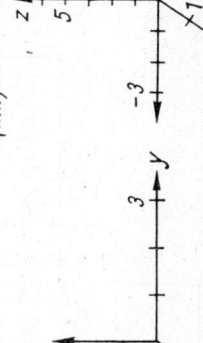

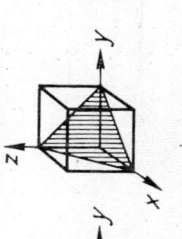

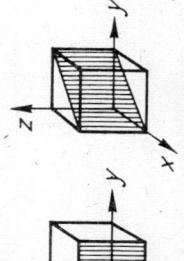

$a:b:c = 1:5/2:0$

$(hkl) =$

$(hkl) =$

$[uvw] =$

$a:b:c = 2:0:3$

$(hkl) =$

$(hkl) =$

$[uvw] =$

$(hkl) =$

$a:b:c = 0:2:1$

$(hkl) =$

$(hkl) =$

$(hkl) =$

$(hkl) =$

Strukturelle Gitterbaufehler | Anlage 2.5

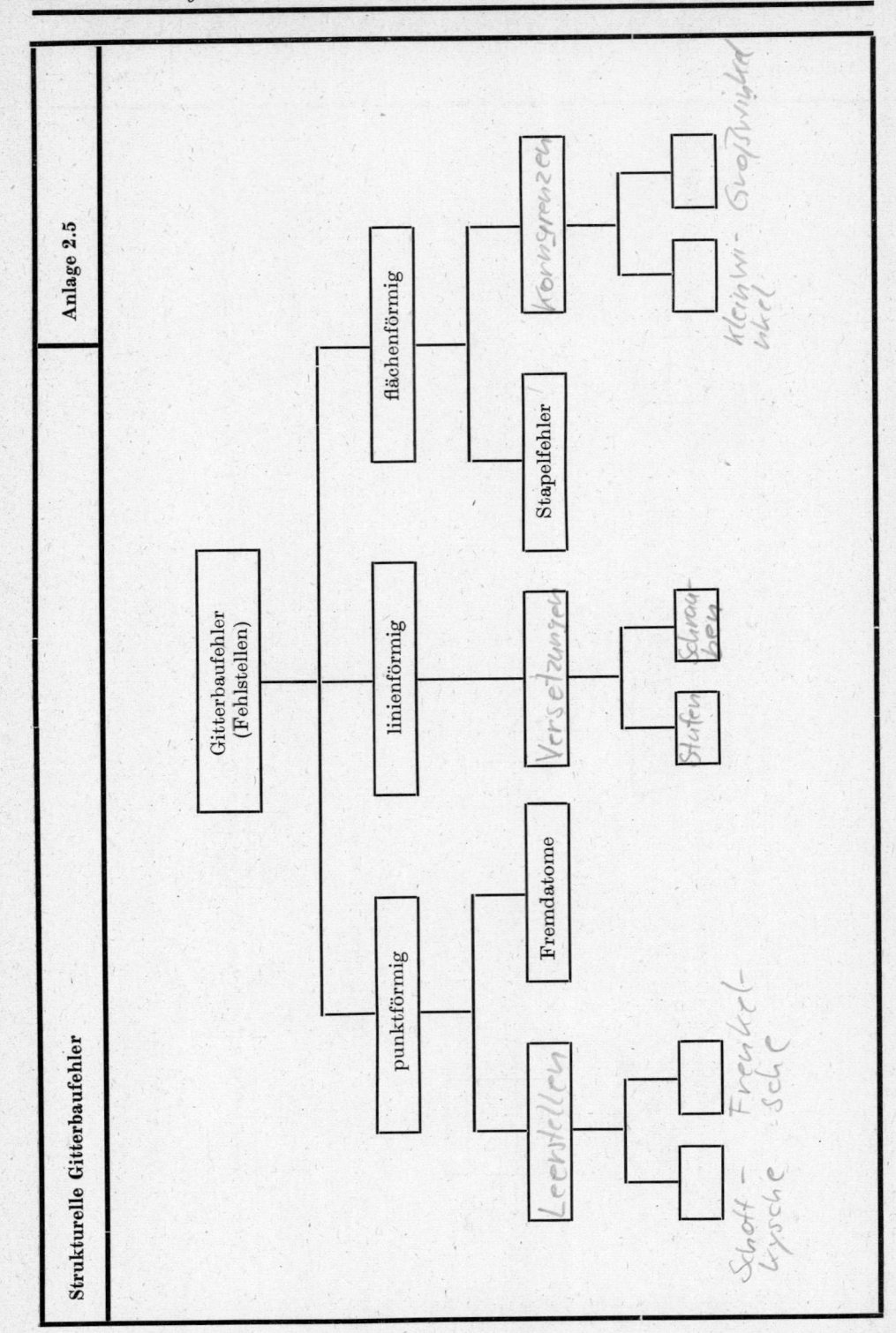

```
                    Gitterbaufehler
                     (Fehlstellen)
        ┌────────────────┼────────────────┐
   punktförmig      linienförmig      flächenförmig
     ┌──┴──┐             │             ┌────┴────┐
Leerstellen Fremdatome  Versetzungen  Korngrenzen Stapelfehler
   ┌─┴─┐                  ┌─┴─┐          ┌─┴─┐
```

Handschriftliche Ergänzungen:
- Leerstellen: Schottky-sche, Frenkel-sche
- Versetzungen: Stufen, Schrauben
- Korngrenzen: Kleinwinkel, Großwinkel

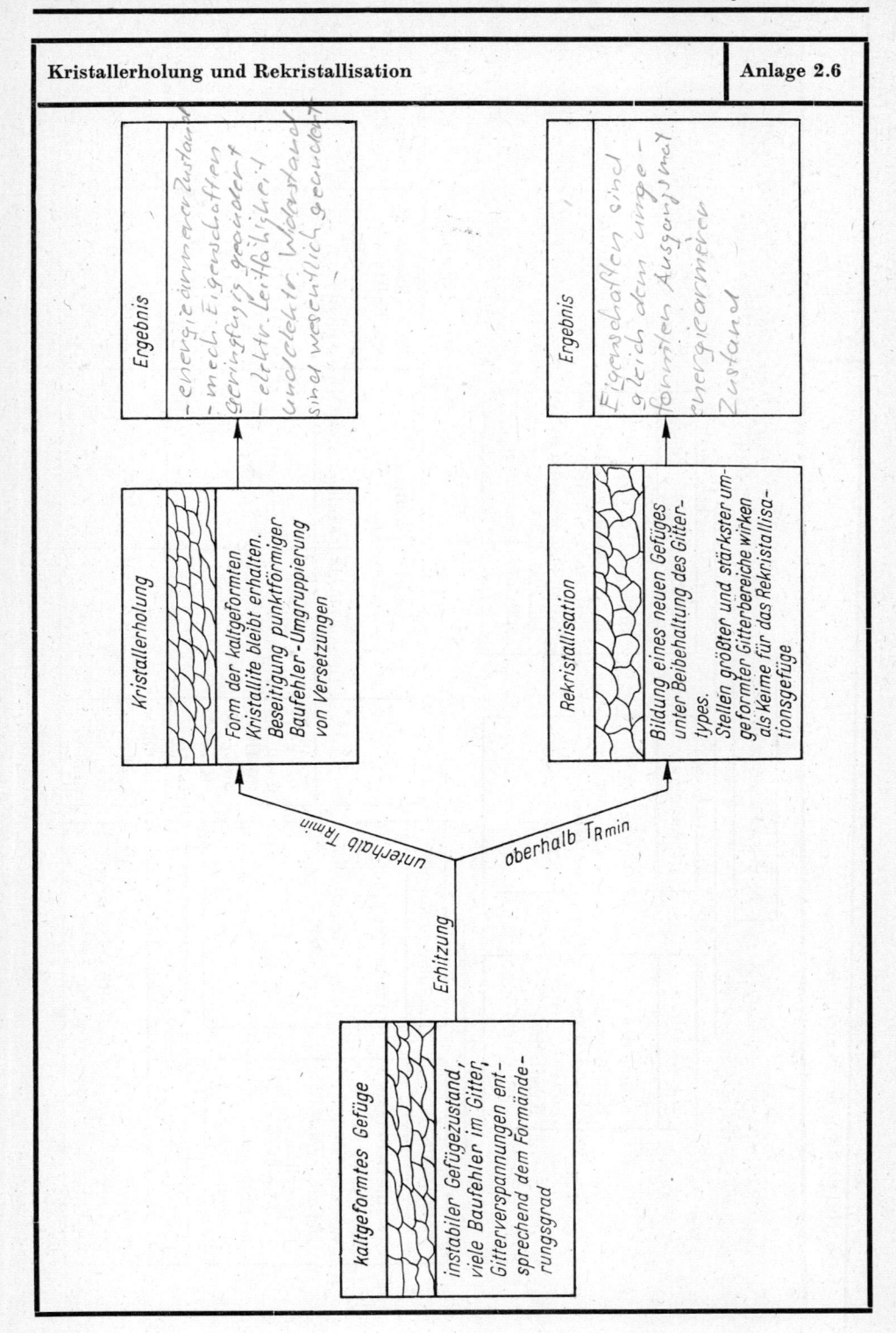

Kristallerholung und Rekristallisation — Anlage 2.6

kaltgeformtes Gefüge
instabiler Gefügezustand, viele Baufehler im Gitter, Gitterverspannungen entsprechend dem Formänderungsgrad

Erhitzung

— unterhalb T_{Rmin} → **Kristallerholung**
Form der kaltgeformten Kristallite bleibt erhalten. Beseitigung punktförmiger Baufehler-Umgruppierung von Versetzungen

Ergebnis
- energieärmerer Zustand
- mech. Eigenschaften geringfügig geändert
- elektr. Leitfähigkeit und elektr. Widerstand sind wesentlich geändert

— oberhalb T_{Rmin} → **Rekristallisation**
Bildung eines neuen Gefüges unter Beibehaltung des Gittertypes. Stellen größter und stärkster umgeformter Gitterbereiche wirken als Keime für das Rekristallisationsgefüge

Ergebnis
Eigenschaften sind gleich dem umgeformten Ausgangs- energieärmerer Zustand

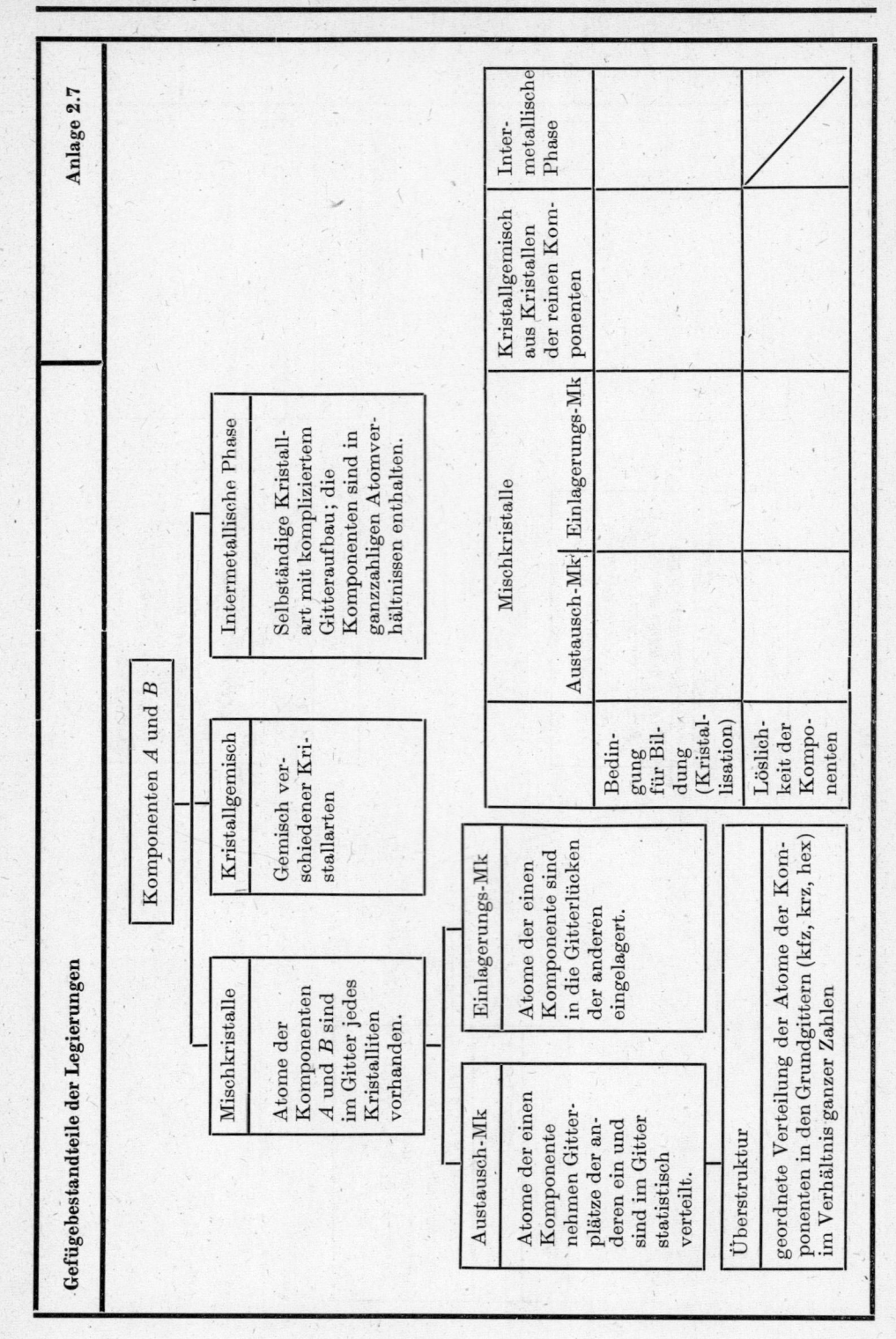

Gefügebestandteile der Legierungen — Anlage 2.7

Komponenten A und B

- **Mischkristalle**: Atome der Komponenten A und B sind im Gitter jedes Kristalliten vorhanden.
  - **Austausch-Mk**: Atome der einen Komponente nehmen Gitterplätze der anderen ein und sind im Gitter statistisch verteilt.
  - **Einlagerungs-Mk**: Atome der einen Komponente sind in die Gitterlücken der anderen eingelagert.
  - **Überstruktur**: geordnete Verteilung der Atome der Komponenten in den Grundgittern (kfz, krz, hex) im Verhältnis ganzer Zahlen
- **Kristallgemisch**: Gemisch verschiedener Kristallarten.
- **Intermetallische Phase**: Selbständige Kristallart mit kompliziertem Gitteraufbau; die Komponenten sind in ganzzahligen Atomverhältnissen enthalten.

	Mischkristalle		Kristallgemisch aus Kristallen der reinen Komponenten	Intermetallische Phase
	Austausch-Mk	Einlagerungs-Mk		
Bedingung für Bildung (Kristallisation)				
Löslichkeit der Komponenten				/

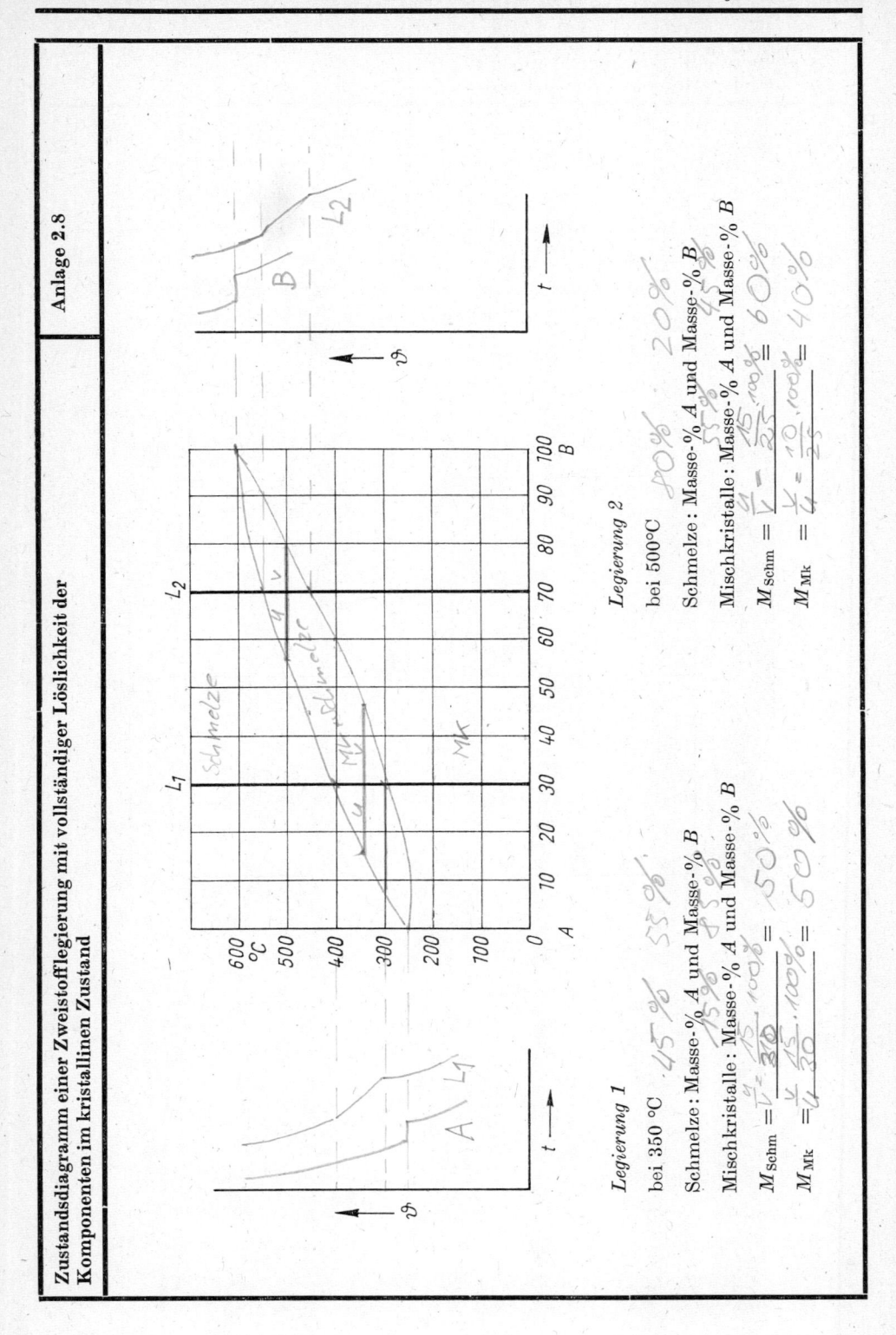

Zustandsdiagramm einer Zweistofflegierung mit vollständiger Löslichkeit der Komponenten im kristallinen Zustand | **Anlage 2.8**

Legierung 1

bei 350 °C 45 % 55 %

Schmelze: Masse-% A und Masse-% B

Mischkristalle: Masse-% A und Masse-% B

$$M_{Schm} = \frac{y}{y+x} \cdot 100\% = \frac{15}{30} \cdot 100\% = 50\%$$

$$M_{Mk} = \frac{x}{y+x} \cdot 100\% = \frac{15}{30} \cdot 100\% = 50\%$$

Legierung 2

bei 500 °C 80 % 20 %

Schmelze: Masse-% A und Masse-% B

Mischkristalle: Masse-% A und Masse-% B

$$M_{Schm} = \frac{y}{y+x} \cdot 100\% = \frac{15}{25} \cdot 100\% = 60\%$$

$$M_{Mk} = \frac{x}{y+x} \cdot 100\% = \frac{10}{25} \cdot 100\% = 40\%$$

Anlagen

Zusammenstellung von Grundtypen der Zustandsdiagramme binärer Legierungen	Anlage 2.9

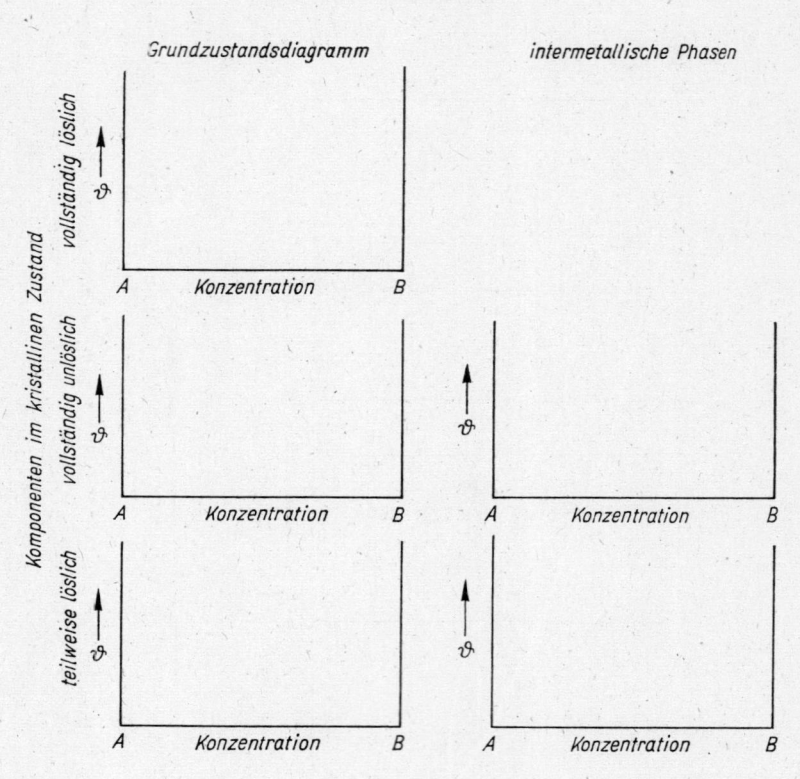

Komponenten in der Schmelze vollständig ineinander löslich

Grundzustandsdiagramm   *intermetallische Phasen*

Komponenten im kristallinen Zustand:
- vollständig löslich
- vollständig unlöslich
- teilweise löslich

Achsen: ϑ (Temperatur) über Konzentration von A nach B.

Anlagen 145

Die Umwandlungen beim reinen Eisen			**Anlage 3.1**	
Abkühlen		ϑ		
flüssig-fest	Erstpunkt		Schmelze → δ-Fe	
	A_{r4}			
kfz → krz		900 °C		
	A_{r2}			
Erhitzen		ϑ		
	A_{c2}			
	A_{c3}			
kfz → krz		1 392 °C	γ-Fe → δ-Fe	
Eisen-Modifikationen				
Bezeichnung	α-Fe, δ-Fe			
Skizze der Elementarzelle				
Struktur			kfz	
Packungsdichte				
Gitterkonstante				

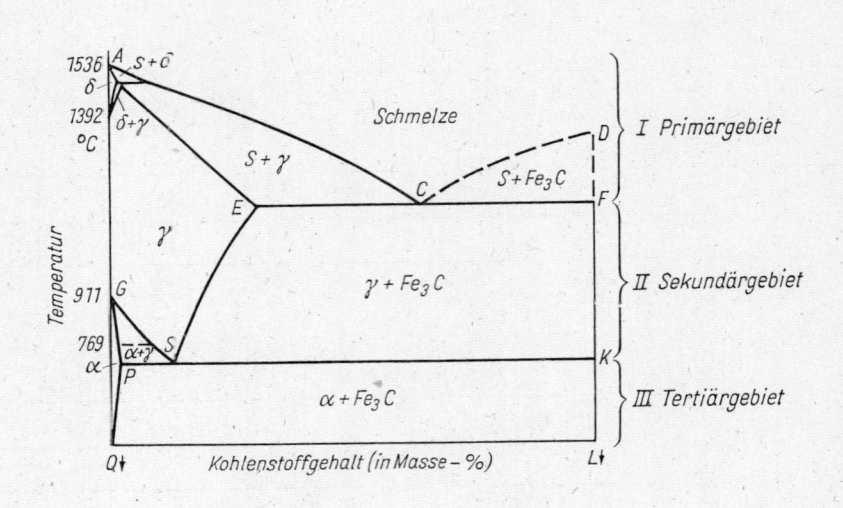

Vorgänge im Eisen-Kohlenstoff-Diagramm — Anlage 3.2

Diagramm: Eisen-Kohlenstoff-Diagramm mit Punkten A (1536°C), δ, 1392°C, δ+γ, S+δ, Schmelze, S+γ, E, C, D, F, γ, γ+Fe₃C, G (911°C), 769°C, α, α+γ, S, P, K, α+Fe₃C, Q, L. Rechts gekennzeichnet: I Primärgebiet, II Sekundärgebiet, III Tertiärgebiet. Achsen: Temperatur (vertikal), Kohlenstoffgehalt (in Masse-%) (horizontal).

Linienzug im EKD	Vorgang	Bezeichnung bei Abkühlung	Erwärmung
	Liquiduslinie	—	—
	Soliduslinie	—	—
ECF	$S \xrightleftharpoons{1147} \gamma + Fe_3C$	—	—
	$\delta \xrightleftharpoons{1392}$		A_{c4}
NH	$\xrightleftharpoons{}$	A_{r4}	
	$\gamma \xrightleftharpoons{} \gamma + Fe_3C$		A_{ccm}
GOS	$\gamma \xrightleftharpoons{}$	A_{r3}	
G	$\gamma \xrightleftharpoons[911]{900}$		
	$\gamma \xrightleftharpoons{723} \alpha + FeC$	A_{r1}	A_{c1}
	$\alpha_{\text{ferromagnetisch}} \xrightleftharpoons{769} \alpha_{\text{paramagnetisch}}$		
	$\alpha \xrightleftharpoons{} \alpha + Fe_3C$	—	—

Eigenschaften der Gefüge des EKD — Anlage 3.3

Name	Struktur	Ausscheidung	C-Gehalt %	Härte HV
Ferrit	α-Mk krz	entlang GS aus	10^{-4} bei 20°	
			bei 723°	
Austenit	-Mk kfz	entlang aus Schmelze	bei 723°	
			2,06 bei	
Primärzementit	orthorhombisch	entlang CD aus	6,67	
Sekundärzementit	orthorhombisch	entlang aus γ-Mk		
Tertiärzementit	orthorhombisch	entlang PC aus		
Ledeburit	Eutektikum	Punkt C		
	$\gamma + Fe_3C$			
Perlit			0,8	
	$\alpha +$			

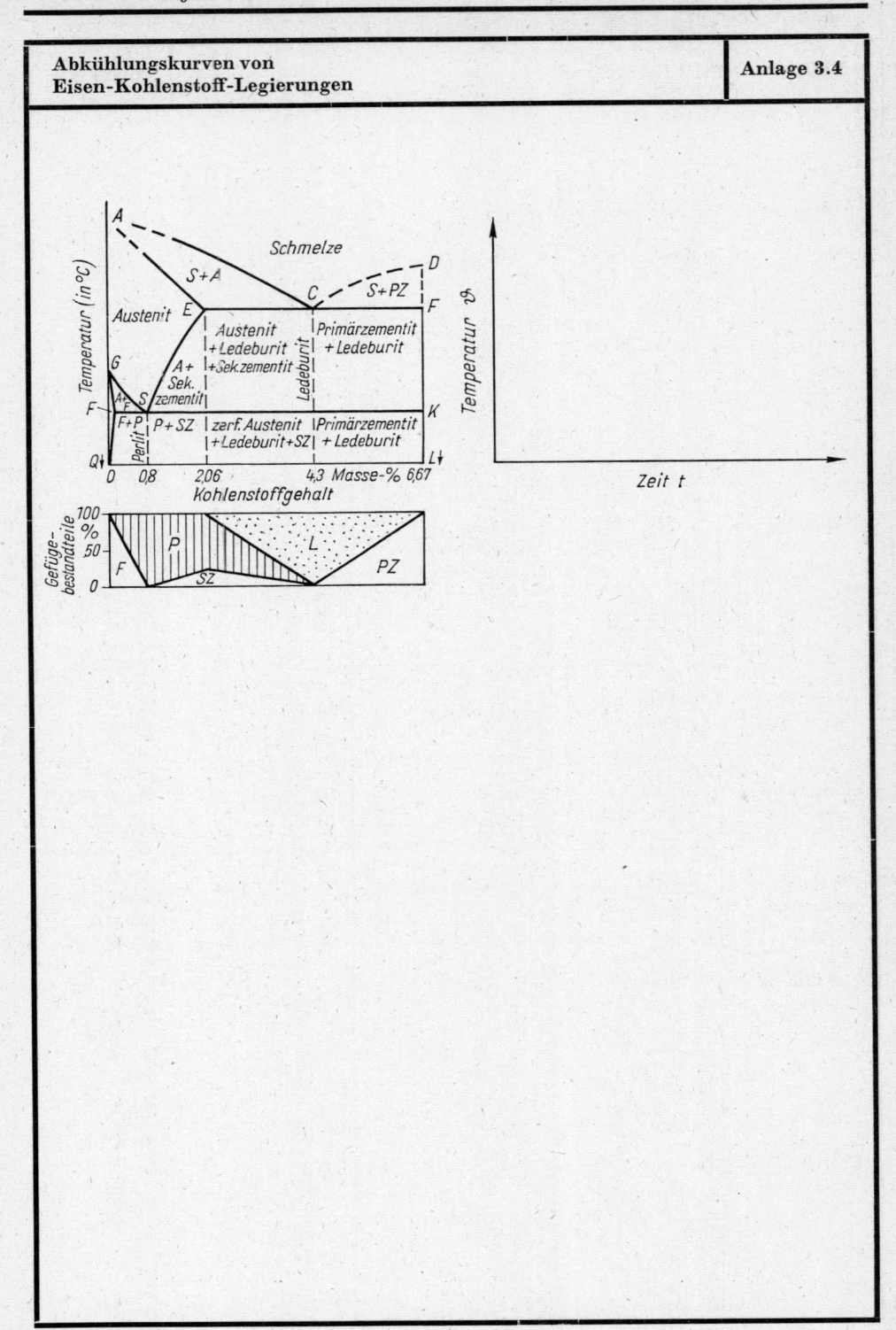

Abkühlungskurven von Eisen-Kohlenstoff-Legierungen

Anlage 3.4

Erscheinungsformen der Korrosion		Anlage 5.1
Schematische Darstellung	Korrosionserscheinung	Ursachen
Me_1 Me_2		

150 Anlagen

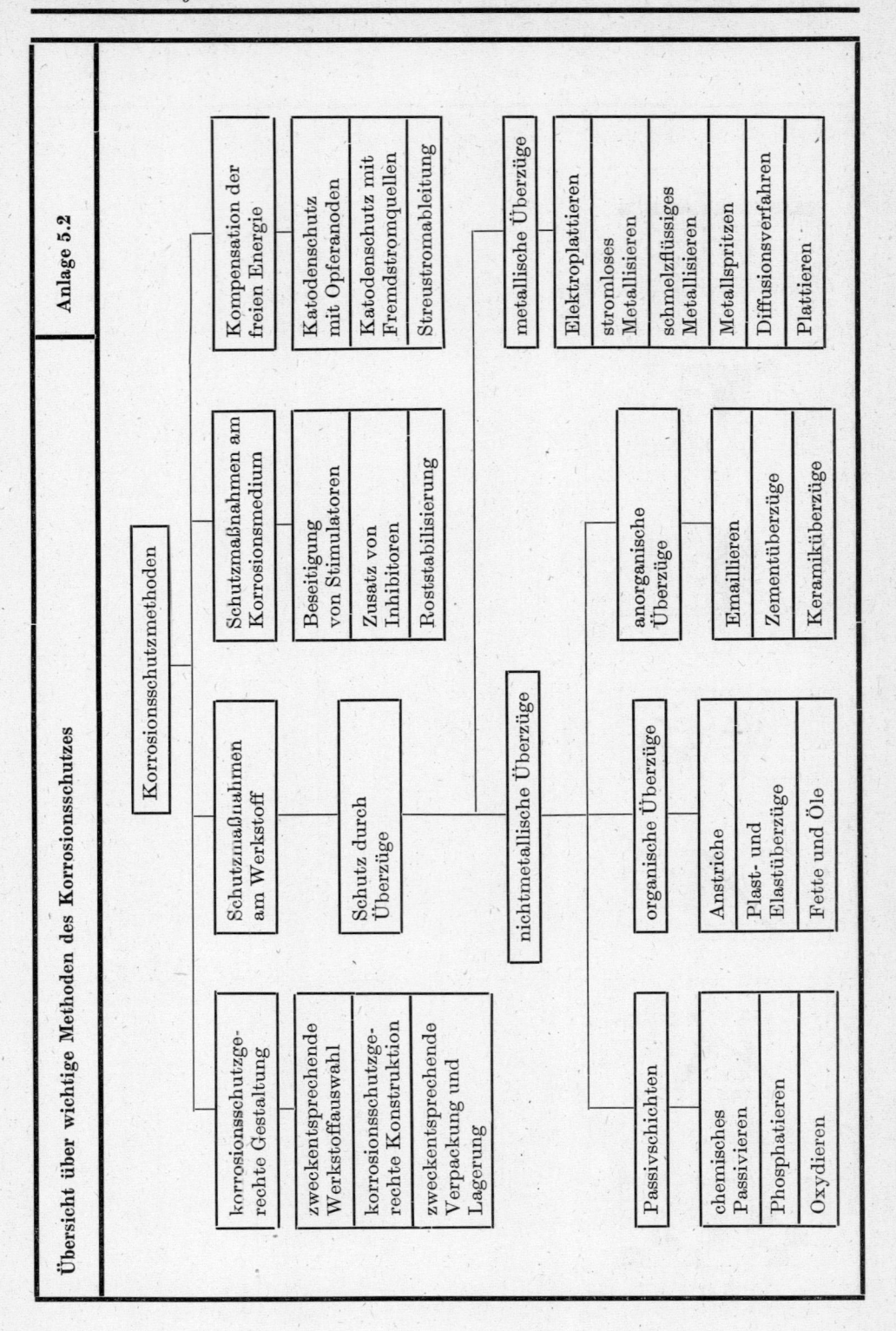

Anlage 5.2

Übersicht über wichtige Methoden des Korrosionsschutzes

Korrosionsschutzmethoden

- **Schutzmaßnahmen am Werkstoff**
  - korrosionsschutzgerechte Gestaltung
  - zweckentsprechende Werkstoffauswahl
  - korrosionsschutzgerechte Konstruktion
  - zweckentsprechende Verpackung und Lagerung

- **Schutz durch Überzüge**
  - **nichtmetallische Überzüge**
    - organische Überzüge
      - Anstriche
      - Plast- und Elastüberzüge
      - Fette und Öle
    - anorganische Überzüge
      - Passivschichten
      - chemisches Passivieren
      - Phosphatieren
      - Oxydieren
      - Emaillieren
      - Zementüberzüge
      - Keramiküberzüge
  - **metallische Überzüge**
    - Elektroplattieren
    - stromloses Metallisieren
    - schmelzflüssiges Metallisieren
    - Metallspritzen
    - Diffusionsverfahren
    - Plattieren

- **Schutzmaßnahmen am Korrosionsmedium**
  - Beseitigung von Stimulatoren
  - Zusatz von Inhibitoren
  - Roststabilisierung

- **Kompensation der freien Energie**
  - Katodenschutz mit Opferanoden
  - Katodenschutz mit Fremdstromquellen
  - Streustromableitung

Sachwörterverzeichnis

Abkühlungskurve 28
Aloxydieren 108
amorphe Metalle 19
amorphe Stoffe 19
Analyse
—, dilatometrische 33
—, thermische 28
Anisotropie 23
Anstriche 109
Austauschmischkristall 43
Austenit 65, 68

Baufehler 25 ff.
Belüftungskorrosion 96
Betriebsstoff 10
*Bragg*sche Gleichung 22

chemische Korrosion 94
*Curie*punkt 59
*Curie*temperatur 59 f.

Debye-Scherrer-Verfahren 22
Dehnung 35
Dendrit 33
Diffusion 46

Einflußfaktoren 17
Einkristall 33
Einlagerungsmischkristall 45
Eisen 58 ff.
Eisencarbid 61
Eisen-Kohlenstoff-Diagramm 58
Elastizitätsgrenze 35
elektrochemische Korrosion 95
Elementarzelle 20 ff.
Eloxieren 108
Erosion 92
Erstarrungstemperatur 29
Erwärmungskurve 28
Eutektikum 52
Eutektoid 54

Ferrit 65
Formänderung 34
—, elastische 34
—, plastische 35

Gefüge 30
Gitterebene 20
Gitterkonstante 20
Gitterumwandlung 33
Gleitebene 35
Gleitrichtung 35
Gleitsystem 36
Globulit 32
Graphit 61
Gußeisen 62, 76, 85
Gußgefüge 32

Haarkristall 33
Haltepunkt 30
Hartguß 85
Hilfsstoff 9

Impfen 31
Inchromieren 116
Informationssystem für
    Werkstoffe und ökonomischen
    Materialeinsatz (ISW) 16
Inhibitoren 118
interkristalline Korrosion 100

katodischer Schutz 119
Kavitation 92
Keim 29
Kennfarben 82
Kennwertsuche 17
Kennzahlen 82
Kohlenstoff 61
Komponente 42
Kontaktkorrosion 95, 100
Konzentration 42
Korngrenze 27

Korrosion 91
Korrosionselemente 95
Korrosionsschutz 92, 104
Korrosionsschutzmittel 104 ff.
Korrosionsursachen 93
Korrosionsverluste 93
Kristall 19
Kristallerholung 39
Kristallgemische 45
Kristallit 30
Kristallseigerung 50
Kristallsystem 20
Kristallwachstum 30
Kurzbezeichnungen
— der Eisengußwerkstoffe 85
— der NE-Metalle 87
— der Stähle 77
— —, sowjetische 83

Laugenrißkorrosion 102
Ledeburit 66 ff.
Leerstelle 25
Legierung 42
Legierungssystem 42
Leichtbau 15
Liquiduslinie 48
Lochfraß 99 f.
Lokalelement 95, 97

Materialökonomie 14
MBV-Verfahren 108
Metall, Eigenschaften, Einteilung 18
Metallisieren 113
Metallspritzen 114
*Miller*sche Indizes 24
Mischkristall 42 ff.
Modifikation 33

Naturstoff 9
Netzebene 20

ökonomische Verwendung
von Werkstoffen 14

Packungsdichte 21
Passivatoren 117
Passivschicht 106
Penetrieranstrichmittel 111
Peritektikum 55
Perlit 67, 69
Phase 42
Phosphatieren 108
Plastüberzüge 111

Plattieren 116
Polymorphie 33

quasiisotrop 23

Raumgitter 19
Realkristall 24
Rekristallisation 39
Rohstoff 9
Rohstoffbedarf 12

Sauerstoffkorrosion 96
Schubspannung 37
Schwingungsrißkorrosion 102
Segregat 54
selektive Korrosion 101
Sheradisieren 116
Soliduslinie 48
Spannungsrißkorrosion 101
Spongiose 101
Stahl 62, 70, 77
Stahlguß 62, 70, 82
Stapelfehler 27
Stengelkristall 32
Streustromkorrosion 98

Temperguß 62, 85
Textur 38
Transkristallisation 32

Überstruktur 44
Umformgrad 37
Umwandlungstemperatur 33
Unterkühlung 30

Versetzung 26

Wasserstoffkorrosion 96
Werkstoffe 9 ff.
Werkstoffeinsatzberatung 16
Werkstoffkenngröße 16
Werkstoffkennwert 16
Werkstoffsubstitution 15
Werkstoffsuche 17
Werkstoffzustand 17
Whisker 33

Zellspannung 97
Zementit 66, 68
Zinnpest 33
Zonenmischkristall 50
Zustandsdiagramm 47
Zwischengitterplatz 25

SI-Einheiten mit selbständigem Namen (Auswahl)

Größe
Kraft
Druck, mechanische Spannung
Energie
Leistung
elektrische Spannung
elektrischer Widerstand
elektrischer Leitwert
magnetischer Fluß
magnetische Induktion
Induktivität